油气管道带压维修技术

YOUQI GUANDAO DAI YA WEIXIU JISHU

主　编　吴明畅　郭　磊　胡亚博　戴联双
副主编　李紫轮　周飞龙　王磊磊

图书在版编目(CIP)数据

油气管道带压维修技术/吴明畅等主编.—武汉：中国地质大学出版社,2024.11.—ISBN 978-7-5625-6006-7

Ⅰ.TE973.8

中国国家版本馆CIP数据核字第2024YL1644号

油气管道带压维修技术	吴明畅　郭　磊　胡亚博　戴联双	主　编
	李紫轮　周飞龙　王磊磊	副主编

责任编辑：王　敏	选题策划：王　敏	责任校对：宋巧娥
出版发行：中国地质大学出版社(武汉市洪山区鲁磨路388号)		邮编：430074
电　　话：(027)67883511	传　　真：(027)67883580	E-mail:cbb@cug.edu.cn
经　　销：全国新华书店		http://cugp.cug.edu.cn
开本：787mm×1092mm　1/16	字数：198千字	印张：7.5
版次：2024年11月第1版	印次：2024年11月第1次印刷	
印刷：武汉市籍缘印刷厂		
ISBN 978-7-5625-6006-7		定价：48.00元

如有印装质量问题请与印刷厂联系调换

《油气管道带压维修技术》

编委会

主　　　编：吴明畅　郭　磊　胡亚博　戴联双

副 主 编：李紫轮　周飞龙　王磊磊

编委会成员：李洪烈　王多才　范潮海　郝立伟

前 言

随着国民经济的高速发展,石油天然气等能源需求不断增大,油气输送管道的维护和管理变得尤为重要。油气管道修复技术的重要性在于保障管道的安全运行,减少事故带来的损失。管道维抢修技术的诞生顺应了这一发展趋势,旨在在最短时间内控制管道意外情况,恢复输油气生产,降低事故损失。

油气管道修复技术的发展历程可以分为3个主要阶段:起步阶段、快速发展阶段和现代化发展阶段。中国油气管道的建设始于20世纪50年代,早期主要是为了满足国内工业和居民的基本需求,技术和规模相对较小。随着经济的快速发展和能源需求的激增,油气管道建设进入快速发展阶段,大量资金和技术投入使得管道网络迅速扩张。进入21世纪后,油气管道建设进入现代化发展阶段,先进的材料、施工等技术促进油气管道修复技术得到进一步发展。

油气管道带压维修技术是在不停输的情况下进行开孔和封堵,确保管道在维修过程中仍能正常运行。目前,国内油气长输管线常用的带压维修技术主要有B型套筒、纤维增强复合材料和钢质环氧套筒修复技术。国家石油天然气管网集团有限公司西气东输分公司基于理论分析及实践应用,针对以上3种带压维修技术开展了相关研究,取得了不少研究成果。基于项目相关研究成果,作者编著了本书,重点从工程应用角度对B型套筒、纤维增强复合材料和钢质环氧套筒带压维修技术的材料、结构和施工技术等方面进行介绍。希望本书能够为油气管道维修工程从业人员提供一定的参考和帮助。

作者在编写过程中,参考了同领域专家学者的著作和研究成果,在此表示衷心感谢。限于作者水平,书中难免有疏漏之处,欢迎读者提出宝贵意见。

作 者

2024年8月

目 录

1 油气管道修复概述 ·· (1)
   1.1 管道修复技术概念 ··· (1)
   1.2 管道缺陷修复管理程序 ·· (1)
   1.3 常用油气管道修复方法 ·· (1)
   1.4 油气管道修复作业流程 ·· (4)

2 油气管道修复标准规范 ··· (7)
   2.1 国内标准规范 ·· (7)
   2.2 国外标准规范 ·· (8)
   2.3 修复技术适用范围 ··· (9)

3 钢质环氧套筒修复技术 ··· (13)
   3.1 概 述 ·· (13)
   3.2 材料要求 ·· (13)
   3.3 结构设计 ·· (14)
   3.4 施工流程 ·· (17)
   3.5 修复效果评价 ·· (22)

4 纤维复合材料修复技术 ··· (36)
   4.1 概 述 ·· (36)
   4.2 材料要求 ·· (40)
   4.3 结构设计 ·· (43)
   4.4 施工流程 ·· (46)
   4.5 修复效果评价 ·· (50)

5 B型套筒修复技术 ··· (64)
   5.1 概 述 ·· (64)
   5.2 材料要求 ·· (65)
   5.3 结构设计 ·· (65)
   5.4 施工流程 ·· (66)
   5.5 带压焊接技术 ·· (70)

6 修复技术工程应用实例 …………………………………………………………(86)
6.1 钢质环氧套筒修复应用实例 …………………………………………………(86)
6.2 纤维复合材料修复应用实例 …………………………………………………(95)
6.3 B型套筒修复应用实例 ………………………………………………………(109)
主要参考文献 …………………………………………………………………………(114)

1 油气管道修复概述

1.1 管道修复技术概念

管道修复技术在国外一般被称为"3R"技术,即 Repair、Rehabilitation、Replace(修补、修复和更换管段)。修补多指管道日常的维护、维修以及泄漏事故发生时的抢险和临时性维修,而修复及更换管道则属管道的永久性维修,国内也称为"管道大修"。在管道大修的过程中,不仅要对管道防腐涂层进行修复和更换,最重要的是对管道的管体缺陷进行永久性修复。

1.2 管道缺陷修复管理程序

针对内检测、试压检测中发现的缺陷,在180d内完成缺陷检查,并制作修复计划表,按图1-1所示程序实施修复管理。

1.3 常用油气管道修复方法

针对受损油气管道,修复的方式大致分为3种,主要有焊接类修复技术、夹具类修复技术和纤维复合材料类修复技术。

1. 焊接类修复

焊接类修复技术的总体思路是采用焊接,主要是在缺陷位置处焊接金属材料,使管道缺陷处壁厚增加,恢复管道的承压能力。焊接修复技术大致可以分为堆焊、打补丁和打套筒。其中堆焊主要将金属熔化堆于管道缺陷位置,适用于点缺陷;打补丁则是将补片焊接在缺陷位置,适用于多个点腐蚀形成的小面积缺陷;打套筒是将套筒直接焊接在管道外壁,需要保证套筒和外壁的贴紧度,适合用于修补大面积缺陷。

焊接修复的主要优点是经济性好,但缺点也很明显:首先,在服役管道上进行焊接,危险性很大,并且容易出现裂纹等焊接缺陷,所以焊接工艺必须要谨慎制定;其次,修复效果取决于堆焊层金属是否均匀;最后,还要考虑焊缝金属与母材的匹配问题。

2. 夹具类修复

夹具类修复技术主要分为普通夹具修复技术和夹具注环氧修复技术。这类修复技术无

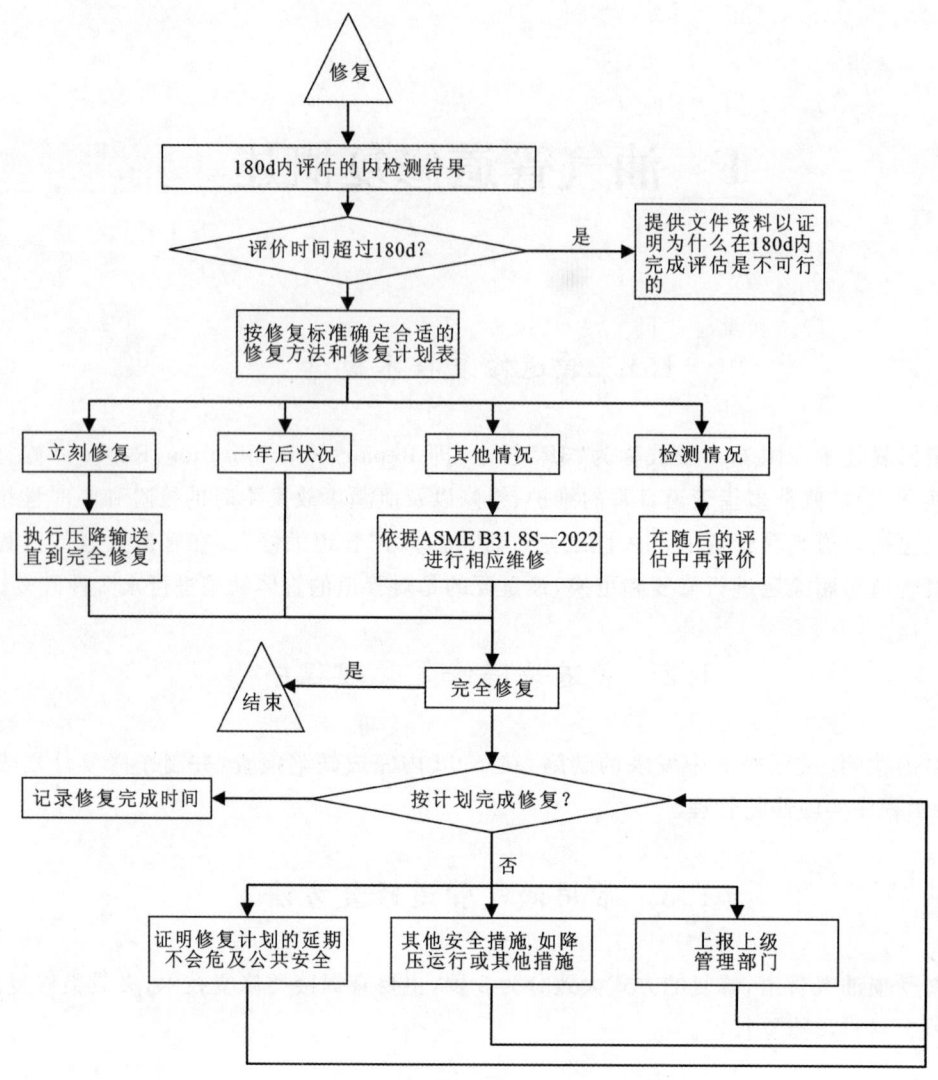

图 1-1 缺陷修复管理程序

需担心焊穿、氢脆和冷脆等危险事故的发生,它主要利用套筒装配在缺陷管道的外壁来分担管道的载荷,恢复管道的承压能力,对施工设备和工艺要求较高。普通夹具修复技术主要用于临时的抢修与补修;而夹具注环氧修复在此基础上做出了一定的优化,有效抑制了缺陷部位的径向形变,达到了补抢的效果,实现了管道缺陷的永久性修复。夹具类修复用于内压在 10MPa 以下的管道修复。

3. 纤维复合材料类修复技术

纤维复合材料类修复技术是将纤维复合材料缠绕于管道外壁,目的是利用纤维材料在纤维方向的高强度恢复管道的承压能力,纤维复合材料类修复技术可用于各种体积型缺陷,也适用于裂纹型缺陷。纤维复合材料类修复技术分为碳纤维复合材料修复技术、玻璃纤维复合材料修复技术和凯夫拉纤维复合材料修复技术。常见的修复方法分为两类:湿缠绕法和预成型法。

3种类型的管道修复技术特点如表1-1所示。

表1-1 各种修复技术特征对比

维修方法		指标类型			发展趋势
		适用范围	优点	缺点	
焊接类型	堆焊	深度为25%壁厚以下的小缺陷体积型缺陷,不适合于裂纹型缺陷	经济性好;焊接工艺完善	需降压施工;在役焊接危险性大,且易出现裂纹等缺陷;高湿、低温下存在氢脆和冷脆的危险性;焊接材料和工艺要求严格;要考虑管体与补强钢材之间的传力均匀问题和焊缝金属与母材的匹配问题	欧美禁止使用
	打补丁	小面积多个点腐蚀的体积型缺陷,不适合于裂纹型缺陷			欧美禁止使用
	打套筒	大面积腐蚀减薄的体积型缺陷,不适合于裂纹型缺陷			欧美禁止使用
夹具类型	普通夹具	适合于抢修	不需降压;无焊穿、氢脆和冷脆等危险性;施工快捷方便	造价较高;强度取决于夹具与管体的贴紧度	临时抢修仍然可以用
	夹具注环氧	适合于大面积腐蚀缺陷和凹陷类缺陷,但对裂纹型缺陷不适合		造价较高;环氧树脂的弹性模量决定管体的变形情况	大面积腐蚀会采用
纤维复合材料类型	玻璃纤维补强	适用于各种体积型腐蚀缺陷修补,不适合于泄漏型缺陷。焊缝余高和错边大时不好施工	造价低;不需降压;无焊穿、氢脆和冷脆等危险性;施工快捷方便	由于弹性模量低,管体需要产生塑性变形后才能达到补强要求;修复强度存在衰减问题	可供选择方法之一
	碳纤维补强	不仅适合于体积型腐蚀缺陷,而且适合于泄漏型缺陷,对焊缝余高和错边要求不严	不需降压;无焊穿、氢脆和冷脆等危险性;变形协调能力好;耐久性好;施工快捷方便	存在电偶腐蚀危险;造价较高	可供选择方法之一

国内目前常见的修复技术主要有纤维复合材料、钢质环氧套筒和B型套筒,其中纤维复合材料及钢质环氧套筒主要用于修复腐蚀、凹陷等体积型缺陷,B型套筒主要用于修复裂纹等平面型缺陷。

1.4 油气管道修复作业流程

油气管道管体缺陷修复时,应遵守管道维修的HSE管理规定。管体缺陷修复作业流程如图1-2所示。

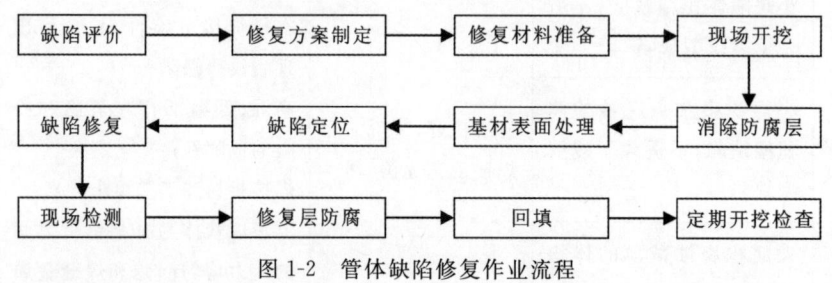

图1-2 管体缺陷修复作业流程

1.4.1 管体缺陷评价

通过检测发现管体存在缺陷时,首先判断缺陷类型,然后对缺陷进行评价,确定是否需要修复;若需要修复,给出修复时间。

1.4.2 修复方案制定

参考表1-1中油气管体不同缺陷类型与修复技术,结合缺陷管道的实际状况,确定相应的修复方法;根据缺陷信息,制定修复方案。

1.4.3 修复材料准备

根据制定的修复方案,准备修复材料。A型套筒的尺寸确定参见《油气管道管体修复技术规范》(Q/SY 1592—2013)中的A.2.3.5,B型套筒的尺寸确定参见《油气管道管体修复技术规范》(Q/SY 1592—2013)中的A.2.4.5,纤维复合材料修复层的厚度与轴向长度确定参见《油气管道管体修复技术规范》(Q/SY 1592—2013)中的A.4.1.5。

1.4.4 现场开挖

待修复缺陷管道轴向开挖应超出缺陷至少500mm,管道两侧至少开挖650mm,管道下方至少开挖500mm。遇管体出现连续缺陷时,宜长距离修复,作业坑的开挖长度应根据管道直径、壁厚、材质、输送介质等进行计算确定。作业时应尽量减少接头数量,支撑墩长度宜与作业坑长度相当。

1.4.5 旧防腐层清除及基材表面处理

在挖掘之后和修复之前,应将输送管道完全暴露并清理至裸金属,以使所有的缺陷特征都显现出来。旧防腐层清除方法可采用溶剂清除、动力工具清除、手工工具清除、水力清除等方法或几种方法联合。清除后的表面应无明显的旧涂层残留,清除过程中不能损伤管体金属。

1.4.6 缺陷定位

采用直尺、超声波测厚仪等仪器检测缺陷信息并记录管道的实际壁厚。如果大规模的腐蚀致使管体金属损失或管体表面遭到大面积的破坏,应在管体远离最深腐蚀坑的位置打磨出平面区域,获得实际壁厚。

1.4.7 缺陷修复

(1)针对已确定的修复技术和修复方案,进行缺陷修复,并填写管体缺陷与修复记录表。打磨修复时,应控制打磨尺寸在临界范围内。

(2)A型套筒安装前,套筒覆盖的管体表面应清理至近白级(Sa2.5);如果使用填充材料,填充材料应填满所有缺口、深坑、空隙,套筒应紧密地贴近管体;套筒侧缝焊接可采用搭接角焊双面胶条方法完成,胶条的强度和厚度至少与套筒的相同,胶条采用角焊焊接在套筒上,焊角长度等于套筒厚度,焊接应符合焊接程序规范。

(3)B型套筒焊接时,首先进行单V型带垫板对接侧缝焊接,焊接时应保证有足够的壁厚以防止管道焊穿,焊接中保持通风,直至焊接完成。套筒末端与管道的填角焊接应遵照相应的焊接工艺规程,角焊缝的焊接工艺应严格与材料和焊接情况相匹配,确保侧边对接焊缝和无裂缝末端角焊缝的全穿透。

(4)纤维复合材料修复前,应进行性能测试;修复时,应确保纤维复合材料缠绕时与管道表面紧密接触,无任何空隙、死角;根据确定的修复层总轴向长度,以缺陷部位为中心进行缠绕,确保纤维与管道轴向垂直。

1.4.8 现场检测

修复以后,应进行相应的检测,检测内容包括但不限于:

(1)当打磨是唯一的维修方法时,应通过磁粉探伤或染色探伤检验应力集中是否被去除。

(2)用10%硫酸溶液检查通过打磨修复的弧形灼伤区域,以确保所有的冶金缺陷特征已经被去除。

(3)目视检查所有焊件的工作质量,确保没有明显的缺陷。

(4)按照无损检测标准对套筒末端的所有角焊焊缝进行100%检测。

(5)按照无损检测标准对B型套筒的环焊缝进行100%检测。

1.4.9 修复层防腐及回填

修复层防腐处理前,应清除所有暴露于表面上的铁锈、锈皮、焊渣、焊接飞溅、焊剂、焦层和其他外来金属。油和油脂可用非油溶剂去除,锐边、毛刺、预焊、电弧灼伤和渣粒可在喷砂处理之前打磨去除。如果喷砂处理的表面要保持一段时间,则应对其进行特定的涂覆处理;参照涂料数据表进行涂覆,相邻的涂层要逐渐连接,不能有尖锐或突变的边缘。最后的涂覆完成后,在回填之前应至少有 5d 的固化时间。防腐层检查合格后的管道应及时回填,在地质较硬地段应将细土、砂、硬土块分开堆放,以利回填。对于弹性敷设的管段,如果管体有较大变形,回填前在应力释放侧全段用干土垒实加固,防止管道进一步变形。防腐和回填按照《埋地钢质管道外防腐层保温层修复技术规范》(SY/T 5918—2017)相关规定执行。

1.4.10 后期工作

管道修复完成,在后期运营管理中,应注意以下事项:

(1)维修工作完成后,应进行液压试验,并对被修复管道进行全面检查后,通知调度运行单位,管道已处于可投入运行状态。

(2)管道启动后,对所修复管段进行现场监控以防泄漏,直至管道恢复正常运行。

(3)管道运行中,应对被修复管段定期开挖检查。

2 油气管道修复标准规范

2.1 国内标准规范

国内管道修复标准主要有(表 2-1):①《埋地钢质管道管体缺陷修复指南》(GB/T 36701—2018);②《油气管道管体修复技术规范》(Q/SY 05595—2009);③《油气钢质管道管体缺陷修复规范》(Q/SY GD 0192—2009);④《管道缺陷碳纤维复合材料修复技术规范 第1部分:湿缠绕法》(Q/SY GD 0215.1—2011);⑤《天然气输送管道管体缺陷复合材料修复的验收标准》(Q/SY XN 0341—2011);⑥《油气管道复合材料修复补强检测评价方法》(Q/SY 05033—2018);⑦《油气管道缺陷修复用B型套筒》(SY/T 7666—2022)等。

表 2-1 国内修复标准对比

修复类标准	适用范围	特点	存在的问题
GB/T 36701—2018	涵盖所有修复方式	给出了不同缺陷适用的修复方法	材料性能指标、施工及质量控制方法要求不完善
Q/SY 05595—2019	涵盖所有修复方式	缺陷对应的修复方式、缺陷剩余强度评价及焊接修复、环氧套筒修复和纤维复合材料修复技术	环氧套筒、纤维修复施工控制指标检测不完善
Q/SY GD 0192—2009	涵盖所有修复方式	给出了不同缺陷适用的修复方法	施工控制方法要求不完善
Q/SY GD 0215.1—2011	碳纤维修复	重点碳纤维修复材料、设计、关键施工技术要求	设计方法不完善
Q/SY XN 0341—2011	复合材料修复	涵盖碳纤、玻纤、芳纶纤维修复材料、设计、施工关键技术要求	设计方法不完善、关键技术指标检测不规范

GB/T 36701—2018 对常见的修复方法给出了适用范围,但缺乏对修复材料性能指标、施工及质量控制的技术要求。

Q/SY 05595—2019 参考《PRCI管道修复手册》针对不同管体缺陷给出了对应的修复技术,并给出了纤维修复设计方法,但对修复施工质量控制方法要求不完善。

Q/SY GD 0192—2009 参考《PRCI管道修复手册》给出了不同缺陷适用的修复方法,但对修复施工质量控制方法要求不完善。

Q/SY GD 0215.1—2011 和 Q/SY XN 0341—2011 均为针对纤维复合材料修复方法的企业标准。其中 Q/SY GD 0215.1—2011 仅针对碳纤维复合材料修复方法进行了系统介绍，给出了碳纤维修复材料性能指标、设计、关键施工技术要求。而 Q/SY XN 0341—2011 针对纤维复合材料修复，给出了碳纤维、玻璃纤维、芳纶纤维修复材料、设计、施工关键技术要求，但对控制指标检测方法要求不规范。

Q/SY 05033—2018 油气管道复合材料修复补强检测评价方法。

SY/T 7666—2022 油气管道缺陷修复用 B 型套筒。

2.2 国外标准规范

针对油气管道修复，国内外均有相关标准对其修复原则、适用范围等进行规定。管道修复国外标准及资料主要有：①《PRCI 管道修复手册》；② API RP2200—2018；③ *Oil and gas pipeline systems*（CSA Z662—2015）；④ *Repair of pressure equipment and piping*（ASME PCC-2—2022）；⑤ *Petroleum, petrochemical and natural gas industries—Composite repairs for pipework—Qualification and design, installation, testing and inspection*（ISO 24817:2017）等（表 2-2）。

表 2-2 国外修复标准对比

修复类标准	适用范围	特点	存在的问题
PRCI 管道修复手册	涵盖了所有修复方法	给出了不同修复方法适用范围	未对修复方法施工措施给出指导说明
API RP 2200—2018	涵盖所有修复方式	对修复方法的适用范围进行了说明	未介绍修复技术的具体设计及施工方法，现场指导性不强
CSA Z662—2015	涵盖所有修复方式	对修复方法进行了简要介绍	未对修复设计及施工措施给出指导说明
AMSE PCC-2—2022	焊接、夹具、纤维复合材料	给出了基于不同设计理念的修复层尺寸设计方法	未详细说明修复施工方法
ISO 24817:2017	复合材料	给出了修复层尺寸设计计算，并对修复技术的施工流程进行了介绍	未详细论述修复过程中的关键技术点

《PRCI 管道修复手册》涵盖了所有修复方法，报告中给出了不同缺陷适用的修复方法，但未对复合材料修复及钢质环氧套筒修复施工措施给出指导说明。该报告中指出复合材料修复方法适用于小于 0.8 倍壁厚的腐蚀坑、内部缺陷或腐蚀、沟槽及其他管体金属损失、电弧烧伤、夹渣、分层、平滑凹坑、带有应力集中的制管焊缝或管体凹坑、深度小于 0.8 倍壁厚的裂

纹、体型或线型焊缝缺陷，但不能用于泄漏或缺陷深度大于0.8倍壁厚的缺陷、硬点、带有应力集中的环焊缝凹坑、电阻焊焊缝缺陷、环焊缝缺陷、弯曲褶皱、砂眼、氢致裂纹。钢质环氧套筒修复可用于修复弯曲褶皱但未泄漏的环焊缝缺陷，灌注环氧与管体及套筒之间的表面黏接可传递轴向载荷。

API RP 2200—2018中仅说明复合材料修复及钢质环氧套筒修复可用于深度小于0.8倍壁厚的非泄漏缺陷，未介绍修复技术的具体设计及施工方法。

CSA Z662—2015涵盖了所有修复方法，对不同缺陷适用的修复方法进行了介绍，但未对修复设计及具体施工措施给出指导说明。该文件指出复合材料修复不适用于环焊缝凹陷、焊缝缺陷、泄漏等的修复。

ASME PCC-2—2022针对焊接、夹具、纤维复合材料修复方法进行了介绍，对于复合材料修复方法，给出了基于不同设计理念的修复层尺寸设计方法，但对于修复施工方法未详细说明。

ISO 24817:2017仅针对复合材料修复方法进行了系统介绍，重点对修复层尺寸设计计算进行了说明，并简要介绍了修复技术的施工流程，但对修复过程中的关键技术点未详细论述。

2.3 修复技术适用范围

2.3.1 管体适用范围

1. 钢质环氧套筒

GB/T 36701—2018规定钢质环氧套筒适用于腐蚀、沟槽、裂纹、凹陷、焊接缺陷（环焊缝除外）、褶皱、屈曲等非泄漏缺陷的修复，不可修复深度大于0.8倍壁厚的外腐蚀缺陷及环焊缝缺陷。

Q/SY 05595—2019规定钢质环氧套筒不可修复深度大于0.8倍壁厚的外腐蚀缺陷，深度大于6%直径的凹坑缺陷，深度大于0.4倍壁厚的裂纹缺陷、褶皱、弯曲及氢致裂纹缺陷。对于环焊缝缺陷及伴有裂纹的凹坑缺陷可作为临时修复手段。

Q/SY GD 0192—2009规定钢质环氧套筒可用于永久修复各种管体缺陷。

《PRCI管道修复手册》规定钢质环氧套筒可修复非泄漏型缺陷，但不可修复深度大于0.8倍壁厚的缺陷。

ASME PCC-2—2022和CSA Z662—2015未提及钢质环氧套筒修复方法及其相关信息。

2. 纤维复合材料

GB/T 36701—2018规定纤维复合材料补强不适用于修复环焊缝缺陷及环向缺陷。

Q/SY 05595—2019规定纤维复合材料补强不可修复内腐蚀缺陷，深度大于0.8倍壁厚的外腐蚀缺陷，深度大于6%直径的凹坑缺陷，深度大于0.4倍壁厚的裂纹缺陷、面积型制管焊缝异常、褶皱、弯曲及氢致裂纹缺陷。相比于钢质环氧套筒，纤维复合材料补强的适用范围更窄，即便用于临时修复，也不可修复伴有裂纹的凹坑缺陷、任何裂纹型缺陷和环焊缝缺陷。

Q/SY GD 0192—2019 规定复合材料补强可用于永久修复管道未泄露缺陷,也可用于临时修复管道未泄露的内腐蚀缺陷。但不可用于修复深度大于 0.8 倍壁厚的缺陷、焊缝局部腐蚀、制管焊缝附近处缺陷,以及褶皱、屈曲、气泡等缺陷。

新版的《PRCI 管道修复手册》将复合材料修复方法分为湿缠绕法和预成型法两类。对于这两类不同方法规定的适用范围也不同。它们的共同点在于不可修复泄漏型缺陷,深度大于 0.8 倍壁厚的缺陷,深度大于 0.4 倍壁厚的裂纹缺陷、制管焊缝及氢致裂纹缺陷。其中,采用预成型法的复合材料修复技术适用范围更窄,对于硬点、制管焊缝和环焊缝处的凹陷及制管焊缝附近的缺陷、环焊缝缺陷,以及褶皱、屈曲等缺陷均无法使用。

ASME PCC-2—2022 规定复合材料修复方法适用于大多数缺陷修复,但对沟槽和裂纹缺陷的修复,仅在满足相关条件下才可使用。

CSA Z662—2015 规定复合材料不可修复泄露性缺陷,并且不能用于修复深度大于 0.8 倍壁厚的缺陷和深度不小于 15% 管径的凹陷缺陷。

3. B 型套筒

GB/T 36701—2018 规定 B 型套筒适用于多种类型缺陷的修复,包括泄漏和环向缺陷。

Q/SY 05595—2019 规定 B 型套筒可用于永久修复管体各类缺陷。

Q/SY GD 0192—2009 规定 B 型套筒可用于永久修复管道缺陷、损伤或泄漏。但对于制管焊缝缺陷,仅可作为临时修复手段。

《PRCI 管道修复手册》、ASME PCC-2—2022 及 CSA Z662—2015 均规定 B 型套筒可用于修复管体各类缺陷。

3 种修复方式的管体缺陷修复适用范围见表 2-3 所示。

表 2-3 管体缺陷修复适用范围

标准	Q/SY GD 0192—2009	Q/SY 05595—2019	GB/T 36701—2018	CSA Z662—2015	ASME PCC-2—2022	PRCI 管道修复手册
B 型套筒	永久修复	永久修复	永久修复	永久修复	永久修复	永久修复
钢质环氧套筒	永久修复	①永久修复深度小于 0.4 倍壁厚的裂纹;②不能修复深度大于 0.8 倍壁厚的缺陷、深度不小于 6%D 的凹坑及褶皱弯曲缺陷;③临时修复含裂纹凹坑	可修复非泄漏缺陷	—	—	①不能修复泄露性缺陷;②不能修复深度大于 0.8 倍壁厚的缺陷

续表 2-3

标准	Q/SY GD 0192—2009	Q/SY 05595—2019	GB/T 36701—2018	CSA Z662—2015	ASME PCC-2—2022	PRCI管道修复手册
纤维复合材料	①永久修复未泄漏缺陷；②临时修复未泄漏内腐蚀缺陷；③不能用于修复深度大于0.8倍壁厚的缺陷	①不能修复裂纹、褶皱弯曲缺陷；②不能修复内腐蚀、深度大于0.8倍壁厚的缺陷、深度不小于6%D的凹坑；③不能修复面积型制管焊缝缺陷	①可修复非泄漏缺陷；②不可修复环向缺陷、深度大于0.8倍壁厚的缺陷及会继续发展的内腐蚀缺陷	①不能修复泄漏缺陷；②不能修复深度大于0.8倍壁厚的缺陷、深度≥15%D的凹坑	有条件性修复	①不能修复泄漏缺陷；②不可修复深度大于0.8倍壁厚缺陷、深度大于0.4倍壁厚裂纹、氢致开裂

2.3.2 环焊缝适用范围

1. 钢质环氧套筒

GB/T 36701—2018 规定钢质环氧套筒不可用于修复环焊缝缺陷。

Q/SY 05595—2019 规定钢质环氧套筒可用于临时修复环焊缝缺陷，但不可作为永久修复手段。

Q/SY GD 0192—2009 规定钢质环氧套筒可用于永久修复环焊缝外表面的小缺陷，但不可用于修复外表面较严重缺陷或内部腐蚀缺陷。

《PRCI管道修复手册》规定如果钢质环氧套筒间隙能够与环焊缝外表面匹配，或与屈曲、褶皱缺陷表面匹配，则可用于修复环焊缝缺陷。

ASME PCC-2—2022 及 CSA Z662—2015 未提及钢质环氧套筒修复方法及其相关信息。

2. 纤维复合材料

GB/T 36701—2018、Q/SY 05595—2019 和 Q/SY GD 0192—2009 都规定纤维复合材料补强不可用于修复环焊缝缺陷。

新版的《PRCI管道修复手册》将复合材料修复方法分为湿缠绕法和预成型法两类。对于两种方法，手册规定湿缠绕法下的复合材料修复方法只有轴向排列的纤维织物才可用于修复环焊缝缺陷，而预成型法下的复合材料修复技术不可用于修复环焊缝缺陷。

ASME PCC-2—2022 规定复合材料修复方法仅在满足相关条件下才可用于修复环向裂纹缺陷。

CSA Z662—2015 规定复合材料不可用于修复环焊缝缺陷。

3. B型套筒

国内外的各标准文件均规定B型套筒可用于修复环焊缝缺陷，进行轴向补强。

3种修复方式的环焊缝缺陷修复适用范围见表2-4。

表2-4 环焊缝缺陷修复适用范围

标准	Q/SY GD 0192—2009	QSY 05595—2019	GB/T 36701—2018	CSA Z662—2015	ASME PCC-2—2022	PRCI管道修复手册
B型套筒	永久修复	永久修复	永久修复	永久修复	永久修复	永久修复
钢质环氧套筒	永久修复	否	否	—	—	修复结构适用于环焊缝结构或褶皱弯曲即可用于修复
纤维复合材料	否	否	否	否	—	仅轴向纤维布湿缠绕法可用于修复

3 钢质环氧套筒修复技术

3.1 概述

钢质环氧套筒修复技术是 20 世纪 70 年代由英国能源公司发明并首先使用的一种管道修复技术。该方法是在 A 型套筒的技术上改进而成的,它利用两个由钢板制成的半圆组件覆盖在管体缺陷外,并与管道保持一定环隙,环隙两端用特殊胶封闭,然后在此封闭空间内灌注环氧填料,构成复合套管,对管道缺陷进行补强修复。钢质环氧套筒是一种不停输、非焊接的管道修复方式,由于钢质环氧套筒具有操作方便、不停输、不动火等优势,在国家管网和各地区管道公司得到了广泛应用。

3.2 材料要求

(1)钢质环氧套筒材料应具有产品说明书、合格证、性能检验报告、安全数据表等技术资料;材料的存储、运输和详细的设计、安装要求应符合制造商的相关规定。

(2)应对施工单位按照年度修复数量进行材料质量合格性抽检,每 20 处修复点位至少抽检 1 处,不足 20 处的按照 1 处进行抽检。

(3)填平腻子技术指标应满足表 3-1 的要求。

表 3-1 填平腻子技术指标要求

序号	项目	性能指标	检测标准
1	玻璃化转变温度/℃	≥65	GB/T 19466.2—2004
2	抗压强度/MPa	≥60	GB/T 2567—2008
3	抗压弹性模量/GPa	≥2.5	
4	抗拉强度/MPa	≥25	
5	钢-钢拉伸剪切强度/MPa	≥8	GB/T 7124—2008
6	钢-钢黏接抗拉强度/MPa	≥10	GB/T 6329—1996

(4)环氧填充胶。灌注的环氧树脂是钢质环氧套筒修复结构的关键,理想的树脂应具备下列特征:①有足够的刚性和硬度,使其两侧的钢管与钢壳能共同承受内外作用力,不会塌

陷;②固化迅速,24h 后其强度应达到最终强度的 90% 以上,以减少对管道运行的影响;③胶凝时间在 1h 以上,以满足施工工艺的要求;④黏结力强,在因结露而潮湿的表面上也可顺利施工,固化后与钢管钢壳共同形成一个整体,且不使钢管穿孔后泄漏的介质沿钢管外壁扩散;⑤流动性好,应保证其能顺利通过最小 3mm 间隙,以便于充满整个环隙;⑥耐化学介质侵蚀,钢管因内腐蚀导致穿孔时,能有效抑制管内介质的泄漏。

环氧填充胶技术指标要求见表 3-2。

表 3-2 环氧填充胶技术指标

序号	项目	性能指标	检测标准
1	玻璃化转变温度/℃	≥60	GB/T 19466.2—2004
2	拉伸强度/MPa	≥30	GB/T 2567—2008
3	拉伸模量/GPa	≥1	
4	断裂伸长率/%	≥1.3	
5	抗压强度/MPa	≥50	
6	抗压弹性模量/GPa	≥1.5	
7	固化收缩率/%	≤1	GB/T 24148.9—2014
8	钢-钢拉伸剪切强度/MPa	≥8	GB/T 7124—2008
9	钢-钢黏接抗拉强度/MPa	≥10	GB/T 6329—1996
10	适用期/min	≥20	GB/T 7123.1—2015

(5)钢质套筒。
(6)钢质套筒外观不得有裂纹、过烧及氧化皮。
(7)钢制套筒焊接应有配套的焊接工艺评定。
(8)焊接接头不得有表面裂纹、未焊透、未熔合、表面气孔、弧坑、未填满、夹渣和飞溅物。焊缝与母材应圆滑过渡。角焊缝的外形应为凹形圆滑过渡。
(9)钢质套筒的法兰应采用焊制整体法兰。
(10)法兰应有配套热处理报告。

3.3 结构设计

3.3.1 几何设计

钢质环氧套筒(图 3-1)外部套筒距离钢管表面通常有一定的间隙,在施工现场将间隙内部填充高强度填充材料,填充材料固化后与外部套筒共同作用传递应力,起到缺陷补强修复的作用;环氧树脂应为专用填充树脂,其热膨胀系数与管材接近,固化热收缩率较低。通常有侧缝焊接和法兰连接两种结构。

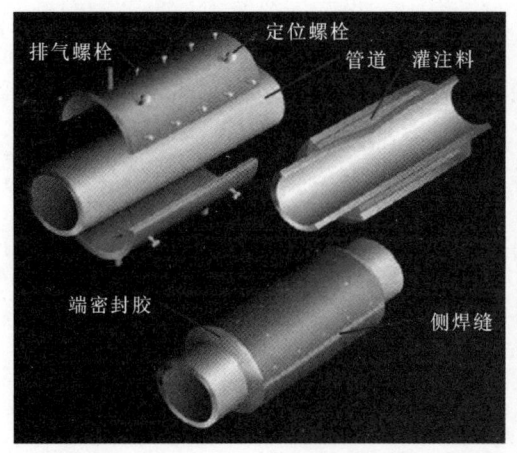 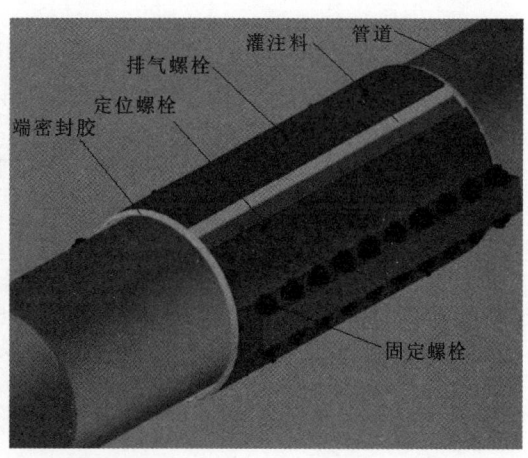

图 3-1 钢质环氧套筒结构示意图

钢质环氧套筒与传统的 A 型套筒修复工艺不同,其钢壳不是紧贴钢管外壁,而是很宽松地套在管道上,与管道保持一定环隙,环隙两端用胶封闭,再在此封闭空间内灌注环氧树脂,构成复合套筒,对管道缺陷进行补强。

钢质环氧套筒由两个直径比待修复的管道略大的钢壳连接在一起,覆盖在管线的受损部位,在现场将套筒安装在管道表面,将两端密封,然后注入环氧树脂,使其充满管线与修复套之间的孔隙。等环氧树脂完全固化后(通常为 24h),打磨掉套筒表面的螺栓和通风管即可。

钢质环氧套筒所用钢壳采用比待修复钢管直径大 30mm 的钢管沿轴线方向上下平分而成,长度一般为管径的 1.5 倍,厚度与管体相同或相近。在上片的顶部及两侧共有 3 列均布的监测螺孔,每列 5 个,监测孔用来监测环氧树脂的灌注进度和控制密实度以防环氧层产生空腔,可用螺栓进行封堵,顶部靠近一端的监测孔外接有排气管。在下片底部接有注入管,由此处注入环氧树脂。在钢壳片靠近两端的左上、左下、右上和右下各有 1 个定位螺栓,用于调整钢壳与钢管间的同轴度。

3.3.2 修复设计

钢质套筒宜采用与修复管道同材质、等壁厚的设计方法或参照下述方法进行设计。法兰、螺栓的设计参见下述方法。

钢质套筒与管体之间的间隙宜控制在 10~30mm 之间。

1. 钢质套筒壁厚计算

钢质套筒壁厚按照能承受管道最大运行压力进行设计。根据《压力容器 第 1 部分:通用要求》(GB150.1—2011),钢质套筒壁厚计算公式为

$$t = \frac{pD}{2[\sigma]^t \phi - p} \tag{3-1}$$

式中:t 为计算壁厚,mm;p 为设计压力,MPa;D 为套筒内径,mm;$[\sigma]^t$ 为设计温度下钢质套筒材料的许用应力,MPa;ϕ 为焊接接头系数。

2. 钢质套筒长度计算

钢质套筒长度应不低于100mm,且套筒至少从缺陷的两边各自延伸出50mm。

当钢质套筒承载轴向载荷时,其长度校核公式为

$$L = L_d + 2L_o \tag{3-2}$$

$$L_o = \frac{F}{\pi D_o \tau_{pc}} \tag{3-3}$$

式中:L 为套筒整体长度,mm;L_d 为缺陷轴向长度,mm;L_o 为套筒超出缺陷边缘长度,mm; F 为钢质套筒所受轴向载荷,N;D_o 为管道外径,mm;τ_{pc} 为黏结面剪切强度,MPa。

3. 法兰螺栓力设计计算

图 3-2 为钢质套筒矩形法兰螺栓分布尺寸图。

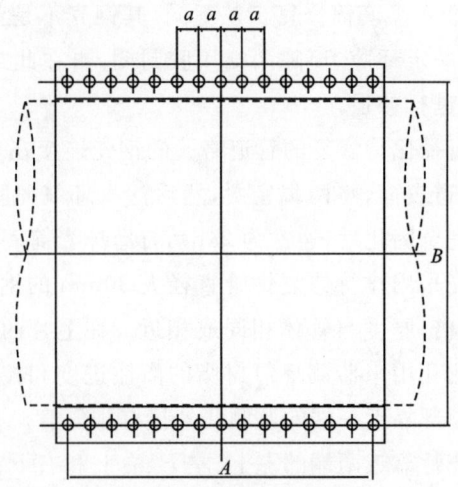

图 3-2 钢质套筒矩形法兰螺栓分布尺寸图

1)单个螺栓所承受的最大载荷 Q_1

单个螺栓所承受的最大载荷 Q_1 的计算公式为

$$Q_1 = 0.6BaP + 2bamP \tag{3-4}$$

式中:Q_1 为单个螺栓所承受的最大载荷,N;B 为过螺栓中心矩形的短边长度,mm;a 为螺栓中心距,mm;P 为设计压力,MPa;b 为垫片有效宽度,mm;m 为垫片系数。

2)预紧时单个螺栓承受的载荷 Q_2

预紧时单个螺栓承受的载荷 Q_2 的计算公式为

$$Q_2 = baY \tag{3-5}$$

式中:Q_2 为预紧时单个螺栓承受的载荷,N;a 为螺栓中心距,mm;b 为垫片有效宽度,mm;Y 为垫片比压,MPa。

3)螺栓的设计载荷 Q

螺栓的设计载荷 Q 取 Q_1、Q_2 中较大者。

4. 法兰应力计算及强度校核

应力校核截面及其有关尺寸见图 3-3。下面以平焊法兰为例说明。

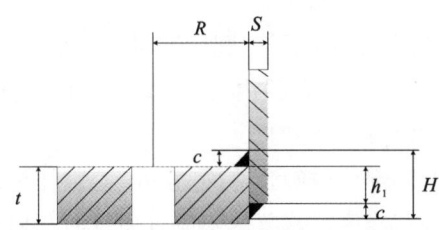

图 3-3 法兰强度校核尺寸

1) 法兰部分

弯矩 $\quad M = QR \quad$ (3-6)

断面系数 $\quad w_1 = at^2/6 \quad$ (3-7)

弯曲应力 $\quad \sigma_1 = M/w_1 \quad$ (3-8)

2) 焊缝部分

断面系数 $\quad w_2 = a(H^3 - h_1^3)/6H \quad$ (3-9)

弯曲应力 $\quad \sigma_2' = M/w_2 \quad$ (3-10)

剪切应力 $\quad \sigma_2'' = Q/1.4ac \quad$ (3-11)

合成应力 $\quad \sigma_2 = \sqrt{\sigma_2'^2 + \sigma_2''^2} \quad$ (3-12)

式中：M 为法兰弯矩，N·mm；Q 为螺栓设计载荷，N；R 为螺栓中心距套筒外表面距离，mm；a 为螺栓中心距，mm；t 为法兰厚度，mm；H 为上下焊缝外边缘间距，mm；h_1 为上下焊缝内边缘间距，mm；c 为焊缝高度，mm。

3) 校核

弯曲应力 $\quad \sigma_1 \leqslant [\sigma], \sigma_2 \leqslant 0.8[\sigma] \quad$ (3-13)

式中：$[\sigma]$ 为法兰许用应力，MPa。

3.4 施工流程

3.4.1 管体表面处理

清除旧防腐层长度至少超出待修复缺陷两侧各 500mm。清除后的表面应无明显的旧涂层残留，清除过程中应避免损伤管体金属。清除下来的旧防腐层不得现场弃置，应收集并按照环保要求统一处理。

表面处理长度要至少超出套筒设计长度两端各 100mm。待修复管体表面除锈等级应达到 GB/T 8923.1—2011 要求的 Sa2.5 级或 St3.0 级。

管体除锈后应采用丙酮或无水酒精对修复区进行擦拭。

表面处理后应进行管体表面粗糙度和洁净度测试。可采用比较板法、千分尺法和拓印纸法测量修复区管体表面粗糙度,表面粗糙度应不低于 $30\mu m$。

表面处理后,应在 4h 内进行后续施工环节。

3.4.2 缺陷修补

根据缺陷形状特征,配制适量填平腻子。配制过程中按产品说明书中的规定比例将腻子用树脂、固化剂和填料称量准确后放入容器内,搅拌 2～3min,确保树脂、固化剂和填料充分混合后方可使用,搅拌好的胶液色泽应均匀。

用填平腻子将管道表面凹陷部位(蜂窝、麻面、小孔等)修补至平整。

应对填充后的修复区域进行修磨。修复区不应有尖锐的几何形状改变,表面棱角应打磨至平滑过渡。

3.4.3 钢质套筒安装

钢质套筒工厂制造期间内外表面宜采用喷砂除锈的方式进行表面预处理。除锈效果达到 GB/T 8923.1—2011 要求的 Sa2.5 级,洁净度达到 2 级以上。现场施工时如钢质套筒表面出现锈蚀,应采用手工除锈对钢质套筒进行重新除锈。

钢质套筒安装到管体上后,套筒轴向中心应与缺陷中心对齐。

法兰密封垫安装到套筒矩形法兰中间前,应检查法兰密封垫,确保其不得受损,否则更换新的法兰密封垫。

紧固螺栓安装时,应采用力矩扳手检查螺栓紧固预紧力。检验数量按螺栓数抽查 10%,且不应少于 2 个。

应用定位调整螺栓调整套筒环型缝隙,使套筒圆周环缝隙均匀。

钢质套筒安装完毕后,宜用压缩空气或电吹风机将套筒环型缝隙内的杂物吹扫干净。

3.4.4 环氧填胶注入

1. 负压法

采用负压真空工法实施钢制环氧套筒施工作业。负压法是利用真空泵抽取真空,在真空负压作用下将环氧灌注料抽吸到钢质夹具与管表的间隙中,利用钢质夹具和固化环氧灌注料共同作用达到缺陷补强修复的一种施工方法。

负压法修复施工流程如图 3-4 所示。

1)材料准备

根据制定的缺陷修复方案,准备钢质环氧套筒和灌注料等合格材料,在材料交货后组织对材料进行质量检查。检查灌注料主剂、灌注料固化剂等所有材料的保质期。

2)管体及套筒表面处理

表面除锈时,若采用喷砂进行除锈,表面除锈等级应达到 GB/T 8923.1—2011 要求的 Sa2.5 级,喷砂用磨料和压缩空气应洁净,无油、无水;若采用电动工具进行除锈,表面除锈等级应至少达到 St3 级,并且应在管表制造锚纹。管道表面除锈后,补强修复应在 4h 内进行,

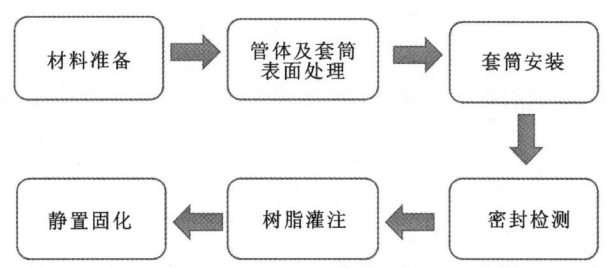

图3-4 钢质环氧套筒负压法施工流程

若超出规定时间,需重新进行表面除锈,若在该时间内表面产生锈迹,也必须重新进行表面处理。钢质环氧套筒安装前,应擦拭修复部位,确保管道表面清洁、干燥、无污物。

钢质套筒工厂制造期间内外表面采用喷砂除锈的方式进行表面预处理。除锈效果达到Sa2.5级,洁净度达到2级以上。现场施工时如钢质套筒表面出现锈蚀,应采用手工除锈对钢质套筒进行重新除锈。

3)套筒安装

使用水平尺沿管道轴向测量管道修复区域最高点,并进行标记;将钢质套筒上、下两半吊装到待安装部位,注入口位于测量管道的最低端,接入口位于测量管道的最高端。

根据环境温度及使用说明书确定端密封胶的配比,均匀混合端密封胶。使用密封胶对钢质套筒左、右两侧的矩形法兰进行密封,并连接法兰紧固螺栓。使用扭力扳手逐一拧紧两侧连接法兰的紧固螺栓。

通过定位螺栓调整套筒与管表之间的间隙,使上下左右间隙保持一致。

使用黏弹体对定位螺栓及注胶检查孔进行密封。

使用端密封胶密封钢质套筒两端与管表之间的间隙,在管道最高一端12点部位留出真空系统管路的接入口,将注胶软管及真空泵软管插入接入口并进行密封,放置2~3h,待其固化。

4)密封检测

待端密封胶凝固后,将真空系统和注胶桶分别与钢质套筒的真空管路接入口和注入口连接。

将注胶口封堵,开启真空泵,进行密封性检测,确认钢质套筒的密封性达到负压灌注要求。真空负压不低于0.8MPa。

5)树脂灌注

对灌注料A组分进行预搅拌后与灌注料B组分进行混合,充分搅拌均匀至无色差。

环氧树脂在低温下固化较慢并且流动性差,为加快固化时间和提高流动性,必须采取加热的方式。试验过程中使用烤把对灌注树脂进行加热,提高其流动性,使树脂搅拌更快捷。

将灌注料倒入罐料桶的同时开启真空系统。整个灌注过程要求不能超过30min,必须在高强灌注料的有效使用时间内灌注完毕。

当灌注料进入真空管路长度不小于1m时,应关闭真空系统电源,保持现状。

打开注胶检查孔,当检查孔全部都有环氧树脂流出时,确认胶液注满,注入完毕。放置

2~3h,等待高强灌注料初固。

6)静置固化

灌注料初固后,将真空系统和罐料桶的连接管路拆除,使用端密封胶对拆除部位进行修补。

2. 正压法

采用正压法实施钢制环氧套筒施工作业。正压法是利用液压泵将环氧灌注料泵注到钢质夹具与管表的间隙中,利用钢质夹具和固化环氧灌注料共同作用实现缺陷补强修复的一种施工方法。

正压法试验施工流程如图 3-5 所示。

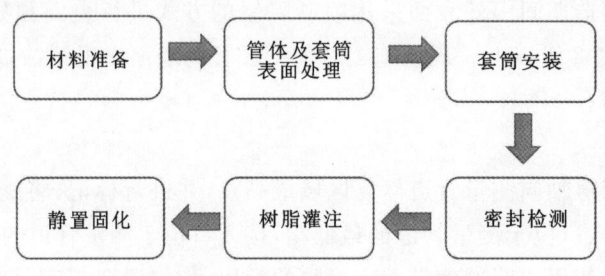

图 3-5 钢质环氧套筒正压法施工流程

1)材料准备

根据制定的缺陷修复方案,准备钢质环氧套筒和灌注料等合格材料,在材料交货后组织对材料进行质量检查。检查灌注料主剂、灌注料固化剂等所有材料的保质期。

2)管体及套筒表面处理

管体表面处理推荐使用喷砂除锈方法,无法使用喷砂除锈方法时,可采用机械除锈方法进行处理。机械除锈时缺陷点采取保护措施,避免砂轮直接作用在缺陷部位。采用电动锚纹机将管体表面进行打毛处理。除锈等级必须达到 Sa2.5 级或 St3 级,锚纹深度 $40 \sim 90 \mu m$,洁净度达到 2 级以上。管道表面预处理执行标准为《涂装前钢材表面锈蚀等级和除锈等级》(GB/T 8923—1988)。

由于管道除锈后暴露在露天环境内,管道表面除锈后必须在 4h 内进行修复施工,否则,须重新除锈,避免钢管表面与大气接触重新氧化。采用溶剂或专用清洗剂清洗钢管表面,通过溶剂挥发作用使钢管表面干燥。

钢质套筒工厂制造期间内外表面采用喷砂除锈的方式进行表面预处理。除锈效果达到 Sa2.5 级,洁净度达到 2 级以上。现场施工时如钢质套筒表面出现锈蚀,应采用手工除锈对钢质套筒进行重新除锈。

3)套筒安装

(1)套筒安装:将管道钢质套筒上半部分套在管体上,再将管道钢质套筒下半部分套在管体上。

(2)法兰安装:将两片高压矩形法兰密封垫放在套筒中间,安装前检查矩形法兰密封垫不得受损,否则更换新的矩形法兰垫片。

(3)紧固件安装:将高强螺栓准确安装在法兰上。

(4)紧固:采用力矩扳手,现场采用力矩扳手检查紧固预紧力。

(5)环缝隙调整:用定位调整螺栓调整套筒环型缝隙,使套筒圆周环缝隙均匀。

(6)套筒内部清理:用压缩空气或电吹风机将夹具环型缝隙内的杂物吹扫干净。

(7)端口密封:将密封函安装到套筒两端的环型端口处,并检查端口密封效果情况。

(8)安装注胶口:将特制的注胶口安装在套筒规定的位置上。

4)密封检测

将注料枪安装到注胶口上,将液压泵放在离注入口较近的位置,用高压管将液压泵连接到注料枪上,检查套筒的排气口螺栓。

将排气口封堵,使用液压泵将注料枪中的空气压入套筒中,进行密封性检测,确认钢质套筒的密封性达到正压灌注要求。

5)树脂灌注

按比例分别称量环氧树脂和固化剂,将固化剂倒入环氧树脂中,并进行充分搅拌至无色差。

按比例称量石英粉,将石英粉倒入搅拌均匀的环氧树脂中,再次进行充分搅拌,使石英粉均匀混合到环氧树脂中。

环氧树脂在低温下固化较慢并且流动性差,为加快固化时间和提高流动性,必须采取加热的方式。试验过程中使用电热毯对灌注树脂进行加热,提高其流动性,使树脂搅拌更为快捷。

将灌注树脂自套筒顶端的扩口注料口缓缓灌入,打开注胶检查孔,当检查孔全部都有环氧树脂流出时,确认胶液注满,注入完毕。

灌满树脂后封闭扩口注料口,将压力注料枪连接到特制注胶口上,用压力注料枪进行压力注料,注料压力保持在1MPa左右。依据注料枪上的压力表显示,判断压力注料完毕,关闭注料止回阀,卸下压力注料枪。

清洗压力注料枪,清洗后的注入系统可以进行下一个套管的注入施工,每次注入施工前都要排净溶剂。

6)静置固化

灌注料初固后,将注胶口拆除,使用端密封胶对拆除部位进行修补。将修复试件静置,等待树脂固化。

3.4.5 钢质套筒外防腐及检测

修复完成后进行防腐处理,铺设防腐层前应去除钢质套筒及紧固螺栓表面铁锈、油脂、水汽、灰尘等杂物。防腐层可选用冷缠胶带或热收缩带。防腐层质量应符合 SY/T 5918—2004 的规定,并做好检测记录。

3.5 修复效果评价

3.5.1 钢质环氧套筒环向修复效果研究

为了研究钢质环氧套筒对管体夹层缺陷的修复效果,笔者对平顶山现场割下的管段进行分割。平顶山换管处为沿螺旋焊缝的整管夹层缺陷,套筒结构采用了黏弹体加玻纤增强带的双层防腐结构,切割后,对套筒修复管体夹层缺陷段管段进行了水压爆破试验以分析其修复效果。

1. 应变测试位置

应变测试位置和测试点如图 3-6 和图 3-7 所示,本次应变监测共测试 7 个位置:①套筒上有 3 处,1 处在底部,另 2 处在套筒顶部两端,目的是测试套筒的承载情况以分析其修复效果;②管体缺陷段 3 处;③管体无缺陷段 1 处作为对比。除了套筒顶部的 2 个点只测试环向应变外,其余各个测试位置均测量轴向和环向应变。

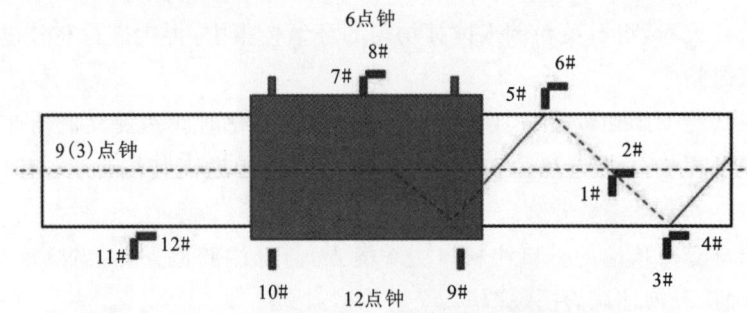

图 3-6 应变测试位置示意图

图 3-7 应变测试点

2. 爆破试验过程

水压爆破试验系统如图 3-8 所示,由水压控制系统、摄像头、高压水泵、爆破坑、试验钢管、应变计、压力传感器、应变仪、电脑及采集软件等模块组成。

水压控制系统及高压水泵是由北京海德利森科技有限公司生产的全套打压设备,最大工作压力为 130MPa,水压示值的分辨率为 0.1MPa。应变仪为日本 KYOWA(日本共和)生产,型号:KFEM-5-120-C1。

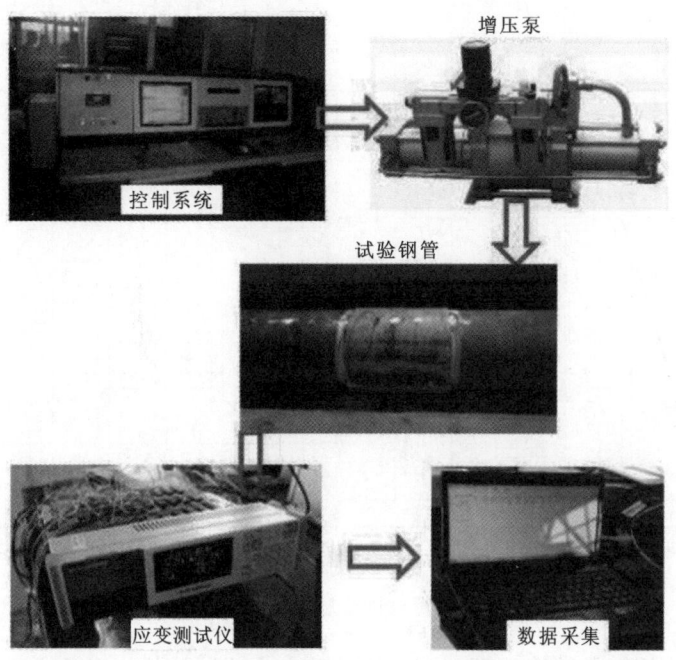

图 3-8 试验系统示意图

增压速度:以 0.5MPa/min 左右的升压速度打压,分别于 2MPa、5MPa、10MPa、15MPa、20MPa 保压 2min,20MPa 后持续打压直至爆破。

应变仪采集速度:5s/次。

3. 试验结果

平顶山现场割取的钢管为螺旋缝埋弧焊管,钢管规格为 $D1219mm \times 18.4mm$,钢管长度约 6m。通过取样加工,试验测得钢管横向试样屈服强度均值为 646MPa,抗拉强度平均值为 678.5MPa,钢管的屈服强度和抗拉强度均符合 API SPEC 5L—1995 标准规范要求,但屈强比过高。

$$p = \frac{2S}{D} \tag{3-14}$$

式中:p 为压力,MPa;S 为钢管抗拉强度,MPa;D 为钢管公称直径,mm。

根据式(3-14)可计算得到无缺陷钢管的理论失效压力为 20.5MPa。

图 3-9 所示为压力时间曲线,钢管爆破压力为 22.8MPa,爆破压力高于理论爆破压力。

爆破点位于钢质环氧套筒之外的管体夹层缺陷处,如图3-10所示,在断口处可明显看到夹层缺陷。

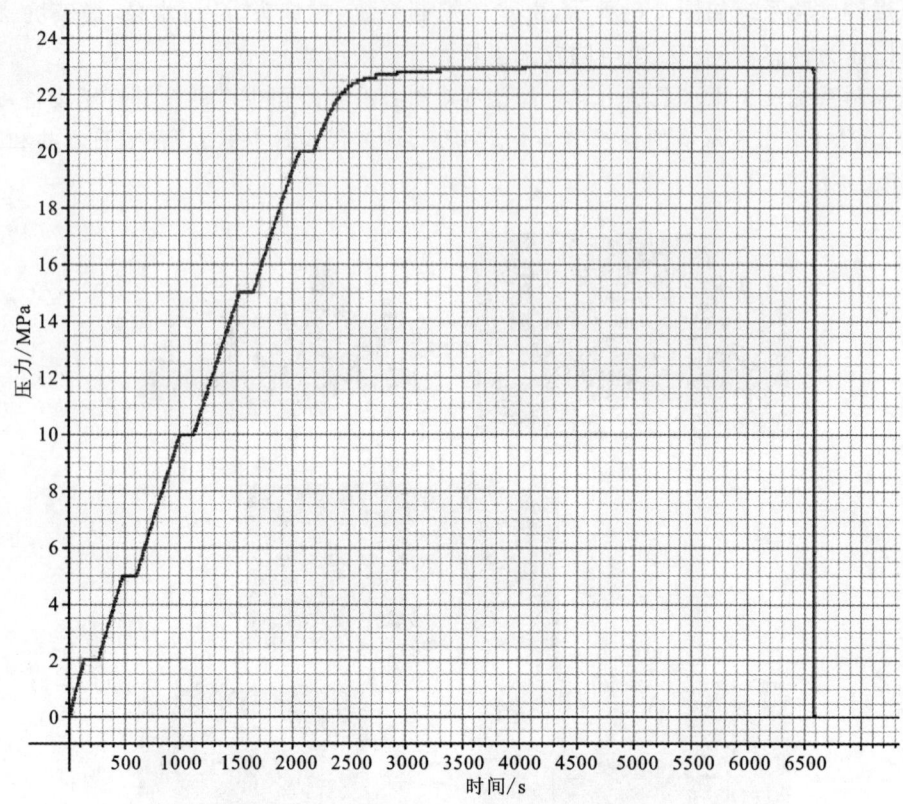

图3-9 爆破试验压力与时间曲线

图3-11所示为钢管及套筒的环向应变随时间变化测试结果。对比1#、3#、5#与7#,其中1#、3#和5#位于管体缺陷处,7#位于非缺陷处,当1#、3#、5#发生大变形时,7#仍处于弹性变形阶段,加之钢管爆破位置表明夹层缺陷对管体承压能力有一定影响。除此之外,从图3-11中可看出套筒的环向应变(7#、9#、10#)远低于管体的环向应变,说明钢质环氧套筒对管体夹层缺陷起到了良好的环向补强作用。

本次应力检测中在套筒上共监测了3个位置处的环向应变,分别是7#(套筒底部)、9#和10#(套筒顶部两端),应变情况如图3-12所示。从图中可看出,7#与9#变化趋势一致,与10#有明显区别。由于10#位于套筒顶部靠近端口处,根据前期套筒质量检验的经验,推测该处内部存在未灌满缺陷,导致无法将载荷通过环氧树脂传递至套筒,因而出现异常应变。

图3-13所示为钢管及套筒的轴向应变随时间变化测试结果。从图中可知,在水压爆破试验过程中,套筒承担的轴向载荷极小,近乎为零;在加压过程中,2#处首先发生鼓胀,导致2#轴向应变突然增加,同时由于协调变形产生了应变收缩,随时间推移,6#位置处也开始鼓胀,直至最后爆破,因此6#位置在爆破前应变突然变大。

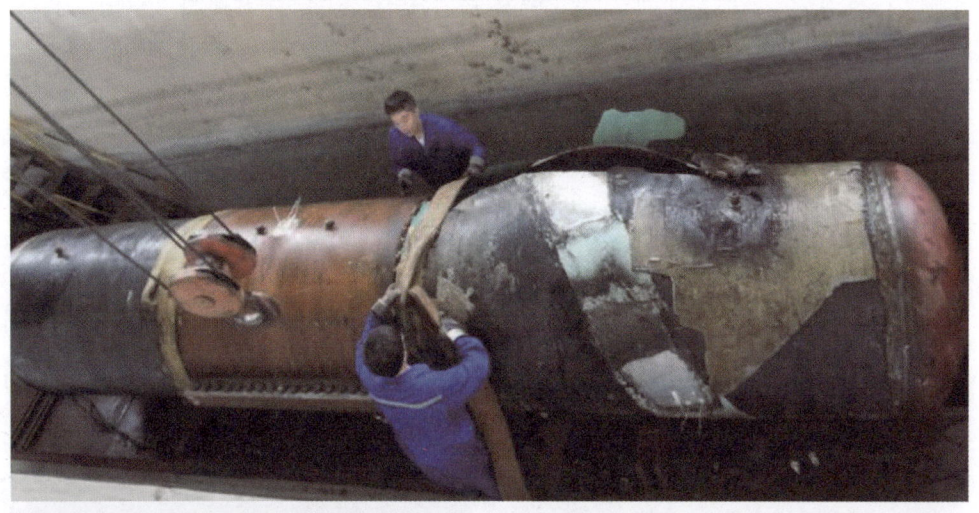
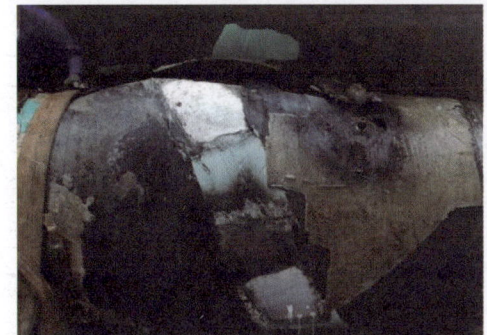

图 3-10 爆破后钢管及断口情况

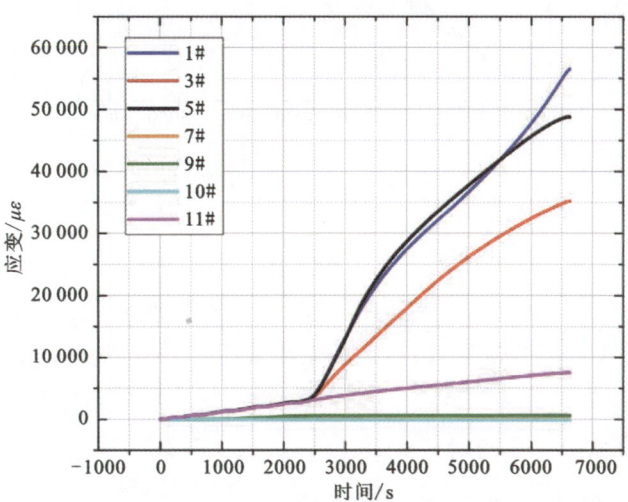

图 3-11 环向应变测试结果

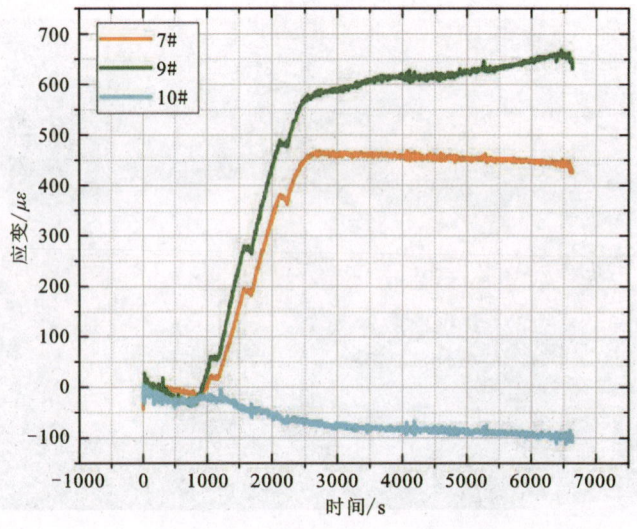

图 3-12 套筒环向应变测试结果

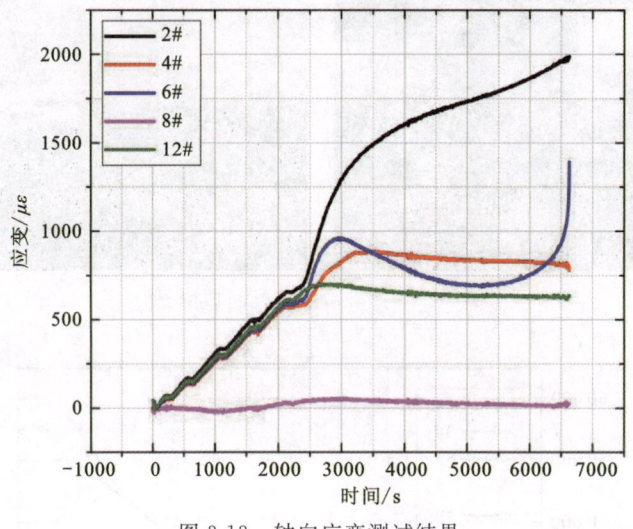

图 3-13 轴向应变测试结果

4. 结论

本部分对平顶山现场钢质环氧套筒修复管体夹层管段进行了水压爆破试验,以此验证钢质环氧套筒对管体夹层缺陷的修复效果,试验结果表明:①夹层缺陷对管体承压能力有一定影响,导致缺陷位置发生失效,但总体承载能力良好;②钢质环氧套筒对管体夹层缺陷能够起到良好的环向补强作用。

3.5.2 钢质环氧套筒轴向修复效果研究

为验证钢质环氧套筒轴向承载能力的修复效果,本项目中使用 Φ508mm 的钢管制造人工缺陷,并采用钢质环氧套筒修复,然后对修复后的钢管进行全尺寸拉伸试验,分析套筒对环焊缝缺陷轴向承载能力的修复效果。

1. 人工缺陷制备

本次全尺寸拉伸试验采用的是 $D508mm×9.5mm$ 的 X52 钢级螺旋缝埋弧焊管,钢管长度为 6m,在钢管中间的外表面上制造整圈环向沟槽缺陷,目的是降低管材轴向承载能力,以便定量评价钢质环氧套筒修复轴向载荷的能力。考虑到缺陷应对钢管的承载能力有明显影响及应变测试的可行性,确定环向沟槽缺陷轴向宽度为 25mm,深度为 5.7mm,即 60%壁厚。

加工的人工缺陷如图 3-14 所示。为定量计算轴向承载能力,需使用游标卡尺和超声测厚仪对缺陷尺寸进行精确测量。测量结果显示缺陷最深处为 9 点位,最浅处为 7 点位。

图 3-14 人工缺陷制备

2. 应变片贴制

应变片测试方法采用 DH3819 无线静态应变测试系统。本次试验共监测 7 个位置的轴向应变,布片方案如图 3-15 所示。

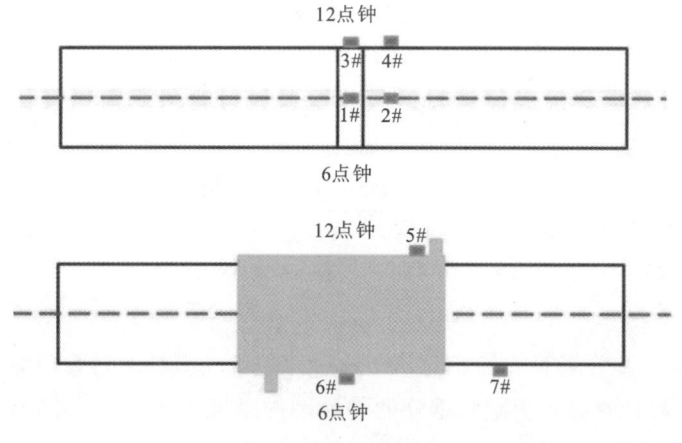

图 3-15 应变片布片方案

套筒内分别在9点位(1#、2#)和12点位(3#、4#)的缺陷和距缺陷200mm的管体上各贴一个应变片,以便定量计算缺陷实际承载能力,其中9点位是整圈缺陷最深的位置;套筒安装之后,分别在套筒底部(6#)和顶部靠近抽气口端(5#)各贴一个应变片用于测量套筒承担的轴向应力。此外,在套筒外管体底部贴一个应变片(7#)用于测量管体承载能力。

3. 试验过程

钢质环氧套筒的轴向承载能力由宽板拉伸试验进行测试,如图3-16所示。测试过程中,套筒两侧管体上放置LVDT位移传感器进行位移信息采集,试验数据由负荷传感器精确采集传输至计算机,系统自动分析处理及存储试验结果。

图3-16 宽板拉伸试验机

除LVDT传感器外,在试验过程中,对重点检测部位单独使用应变片测试系统进行监测。

拉伸速度:以6mm/min的速度拉伸试样,分别于100kN、500kN、800kN、1000kN、1500kN、2000kN、2500kN保持30s,2500kN后持续拉伸直至试样破坏失效。

应变片测试系统数据采集速度:5s/次。

4. 试验结果

试验用的钢管为X52钢级螺旋缝埋弧焊管,钢管规格为D508mm×9.5mm。在对钢管母材取样进行测试后,得到钢管纵向试样屈服强度平均值为410MPa,抗拉强度平均值为512MPa,拉伸性能符合API SPEC 5L—1995标准规范要求。

$$F = \pi Dt \times S \tag{3-15}$$

式中:F为轴向力,N;S为钢管抗拉强度,MPa;t为壁厚,mm;D为钢管公称直径,mm。

根据式(3-15)可计算得到无缺陷钢管的理论轴向承载力为7 758.7kN,根据缺陷平均深度可计算得到缺陷理论的平均轴向承载力为3 291.3kN,缺陷最深处(9点位)的理论轴向承载力为 2 899.3kN。

图 3-17 所示为拉力-时间曲线,最大拉力为 3854kN,远低于无缺陷钢管的理论轴向承载能力。

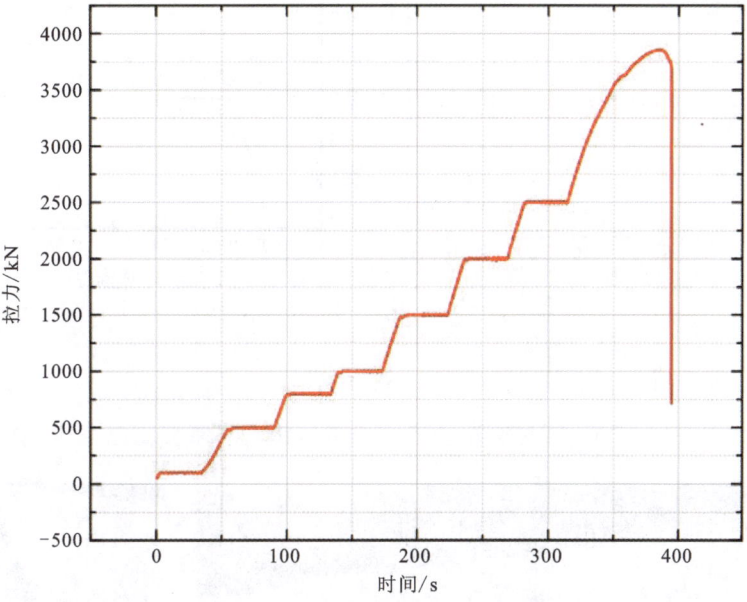

图 3-17　拉伸试验拉力与时间曲线

利用图 3-17 中的保载点(曲线平台)对宽板拉伸试验机和应变片测试系统获得的数据对齐处理后,得到各应变监测点的拉力-应变曲线如图 3-18～图 3-20 所示。

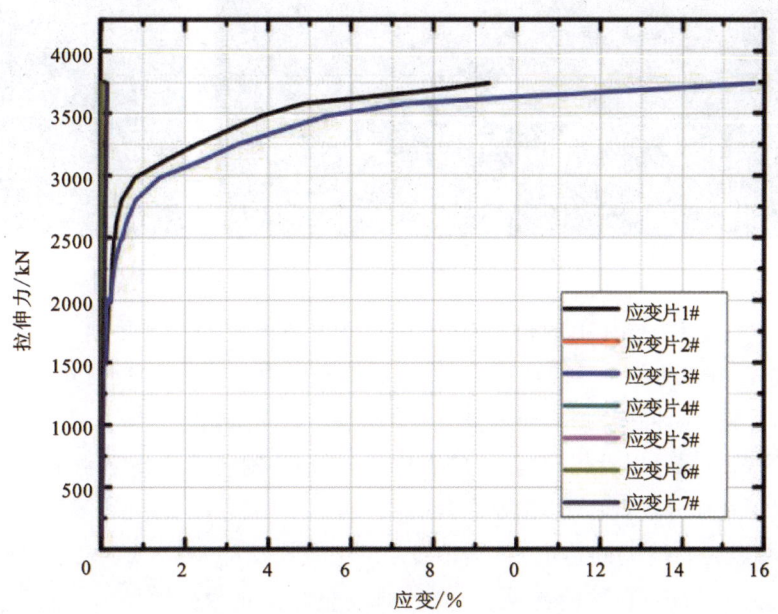

图 3-18　各点轴向拉伸力-应变曲线

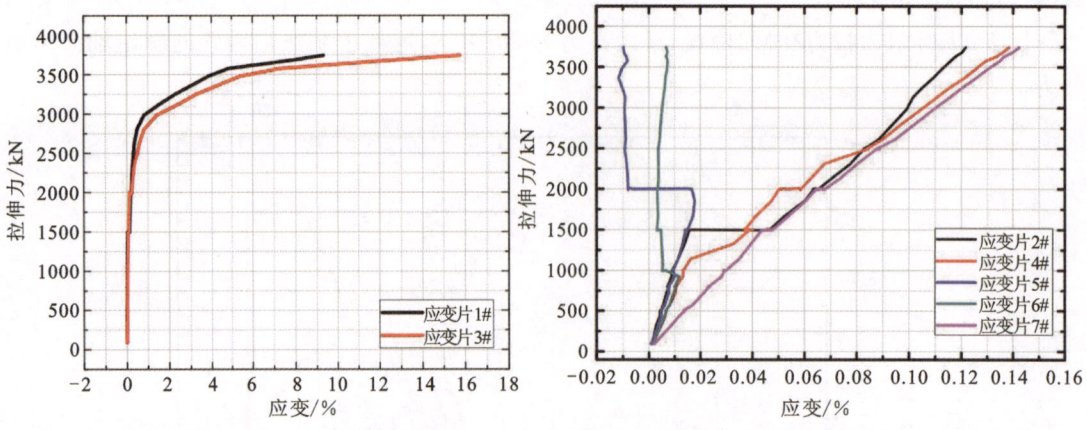

图3-19 缺陷处轴向拉伸力-应变曲线　　图3-20 管体及套筒处轴向拉伸力-应变曲线

根据应变片监测结果可知,断裂点位于3#应变片附近,即钢管顶部的缺陷处。拉伸后的套筒修复结构如图3-21所示,可见灌注的环氧树脂与钢质环氧套筒已发生脱离。

图3-21 拉伸后套筒修复结构

2#、4#、7#三点为管体上的检测点,基于三点的轴向应变监测数据,采用式(3-15)对轴向应力进行计算,在最大拉力3854kN下,管体的轴向应力约为250MPa,对比表3-3可知,它远低于母材屈服强度,即在该修复结构失效拉力下,钢管尚未达到屈服状态。此外,对比2#、4#、7#三点测试数据可以看出,套筒下的管体(2#、4#)轴向应变要略小于正常管体(7#),表明套筒承载了一部分轴向应力,但承载能力有限。

5#、6#两点为套筒上的检测点,其中5#位于套筒顶部一端,6#位于套筒底部中间位置。从图3-20中可看出,在试验初期,套筒上的应变对轴向载荷增加而持续变大,在轴向载荷达到1000kN时,套筒底部应变突然减小到0左右,而套筒顶部应变则在轴向载荷达到2000kN时突然减小为负应变,这是因为在试验过程中,修复结构的环氧层与套筒并非整体同时脱离,而是从局部位置开始一点一点脱离,直至最后整体脱离失效。在1000kN时,套筒底部首先发生界面脱离,导致6#应变突然减小,待轴向载荷达到2000kN时,套筒顶部也发生脱离,导致5#应变突然减小。然而由于套筒其他位置仍受到载荷作用,因此对不受力的检测点处造成一定挤压,导致两检测点应变突然变小后在短时间内仍有一段轻微的减小。相比而言,从图3-21中可看出套筒应变较小,表明套筒分担的轴向载荷较小。

表3-3 各点轴向应力值对比

轴向应力	套筒		管体		
	5#	6#	2#	4#	7#
理论值/MPa	35.3	35.3	254.3	254.3	254.3
实测值/MPa	36.8	33.9	255.4	290.8	299.5

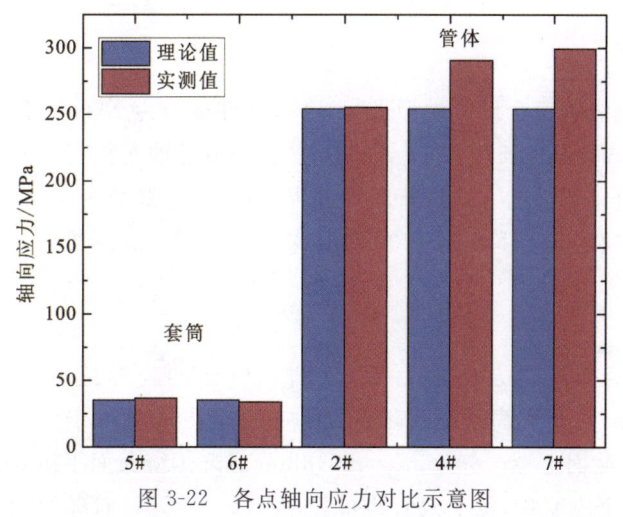

图3-22 各点轴向应力对比示意图

表3-3中列出了套筒和管体上各检测点的理论轴向应力和实测轴向应力。钢管断裂点位于3#检测点附近,根据测量可知,该点处缺陷深度为5.68mm,代入式(3-15)中计算可得该点理论上能够承担的轴向载荷为3120kN。根据图3-17可知,最大轴向拉力为3854kN,即套筒理论承担的轴向载荷为734kN,轴向应力为35.3MPa。根据套筒上的应变片检测结果可以计算得到5#点实测轴向应力为36.8MPa,6#点实测轴向应力为33.9MPa。从图3-22中可以看出,套筒上的轴向应力实测值与理论值偏差不大;管体上2#位置的实测值与理论值最接近。这表明理论分析的正确性。

根据试验结果可知,在试验过程中,修复钢管承受的最大拉力为3854kN,其中约765kN由钢质套筒承担,约占总载荷的19.8%。而钢质套筒所承担的轴向力由灌注的环氧树脂与钢管和套筒的界面剪切进行传递,根据试验测得的套筒应力值可计算得到环氧树脂与钢材的剪切强度约为0.92MPa。

5. 结论

本部分使用钢质环氧套筒修复方法对含沟槽缺陷的 Φ508mm 管道进行了修复,并通过宽板拉伸试验对钢质环氧套筒轴向修复效果进行了验证,量化分析了钢质环氧套筒的轴向修复能力,试验结果表明:①最大轴向拉力为 3854kN,失效点位于管顶缺陷位置,破坏失效时,钢管尚未达到屈服状态;②套筒所受轴向力的理论值与实测值相符,环氧树脂与钢材的剪切强度约为 0.92MPa,表明钢质环氧套筒轴向力补强能力非常有限。

3.5.3 钢质环氧套筒弯曲修复效果研究

为验证钢质环氧套筒的内压和弯曲修复效果,本项目中使用直径为 1016mm 的 X80 管道制造人工缺陷,并采用钢质环氧套筒修复,然后对修复后的钢管进行内压与弯矩联合荷载作用下管道极限承载力试验研究,分析套筒对环焊缝缺陷承载能力的修复效果。

1. 人工缺陷制备

本试验采用高钢级管道全尺寸模型进行试验,试件材质为 X80 管道,直径为 1016mm,壁厚为 15.3mm,管道试验试件长度为 13 216mm。将管道沿轴向长度方向对中剖开,然后在切口处沿环向采用半自动焊接的方式进行环焊缝焊接,在环焊缝焊接时采用根焊不焊的方式制作环焊缝缺陷,环向缺陷长度不小于 1/3 圆周,深度不小于 6mm。

2. 应变片贴制

规定焊缝截面至加压口方向为上游,分别在管道的环焊缝截面和环焊缝截面上游 -300mm、-4172mm 共 3 个截面处沿管道的环向每隔 45°布置一个应变花,每个截面共布置 8 个应变花。环焊缝截面上游 -600mm、-1043mm 和环焊缝截面下游 925mm 共 3 个截面沿环向每隔 45°布置 1 个应变片,每个截面共布置 8 个应变片。针对环焊缝截面缺陷情况,在每个缺陷处布置 1 个应变花。分别在管道环焊缝截面及环焊缝截面上游 -300mm 处各测点对应的钢质环氧套筒表面位置处布置相同的应变花测点;在管道环焊缝截面上游 -600mm 处各测点对应的钢质环氧套筒表面位置处布置相同的应变片测点。应变片布置完成后使用导线与应变片导线进行连接后沿管道焊缝上游方向引出,然后进行钢质环氧套筒的安装,如图 3-23 所示。

3. 试验过程

如图 3-24 所示,弯曲试验采用三分点的形式进行弯矩加载,试件两端下方布置 2 个支撑支座,试件上方通过分配梁设置 2 个施力点,千斤顶施加竖向荷载加至分配梁上,由分配梁将荷载传递至 2 个施力点处,2 个施力点与 2 个支撑点共同作用使管道发生弯曲。

对试验管道进行注水,直至完全排除管内空气后,将水压设备与管道注水口相连接,出水口与压力表相连接,启动千斤顶缓缓下落至恰好与分配梁相接触,将各测试设备与采集仪器平衡归零,调整高清摄像头以便从各个视角观察管道,并连接至计算机中。

图 3-23 套筒修复管道安装图

图 3-24 弯矩加载装置

启动压力设备,将管道打压至 2MPa 后保压 10min,检查打压接口与压力表接口密封性,并测试打压设备与采集系统是否正常。

准备就绪后,平衡清零测试设备与采集系统,开始施加弯矩与内压载荷。

4. 试验现象

在内压从 0 升至运行内压 10MPa 的过程中,管道未发生破坏。在内压与弯矩联合荷载作用下,随着弯矩的增加,管道跨中挠度逐渐增加,跨中最大挠度超过 100mm。在千斤顶竖向荷载从 2200kN 升至 2400kN 过程中,观察到管道发生明显弯曲,并且随着千斤顶竖向行程的增加,千斤顶压力逐渐减小,最终管道在千斤顶左缸处发生明显的平面外弯曲破坏,加载压头处出现明显的压痕,并且加载压头外侧管道出现隆起现象;右缸处出现较小的压痕,但尚未出现隆起现象。钢质环氧套筒端部密封材料出现裂缝且顶部部分端部密封材料掉落,套筒修复区域完好。平面外弯曲破坏如图 3-25 和图 3-26 所示。

加载压头处管道发生明显平面外弯曲破坏,加载压头靠近上游侧出现隆起现象,钢质环氧套筒修复部分管道完好,拆除套筒后,管道环焊缝处完好,并未发生撕裂破坏现象,如图 3-27 所示。

图 3-25 管道平面外弯曲破坏整体图

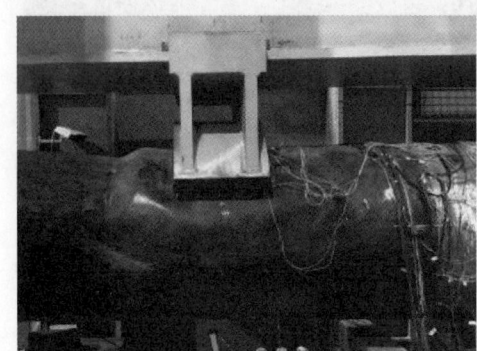 

图 3-26 加载压头处平面外弯曲破坏图

图 3-27 拆除套筒后修复区域图

5. 结果分析

在内压 5MPa 与竖向荷载 80T 联合荷载作用下,选取有效点进行计算所得修复效果如表 3-4 所示。2-2 截面在非修复区域内,距离加载压头与钢质环氧套筒边缘均有一段距离,因此选取 2-2 截面各测点数据作为钢质环氧套筒修复前管道表面轴向应力。4-4 截面位于钢质环氧套筒修复区域内,且距离焊缝 300mm,因此选取 4-4 截面各测点数据作为钢质环氧套筒修复后管道表面应力。通过修复效果计算可得,内压与弯矩联合荷载作用下,钢质环氧套筒修复效果平均值为33.6%。因此,钢质环氧套筒能够起到有效的补强作用。

表3-4 钢质环氧套筒在5MPa内压与80T竖向荷载联合作用下的修复效果

应变测点位置	2-2(未修复区)/με	4-4(修复区)/με	修复效果/%
7:30-3	452.4	281.0	37.9
10:30-3	−273.0	−171.1	37.3
1:30-3	−88.6	−60.5	31.7
3:00-3	278.8	202.5	27.4

4 纤维复合材料修复技术

4.1 概述

纤维复合材料修复技术在国外已经应用20余年，在国内也有10余年的应用历史。虽然已经有大量的应用，但纤维复合材料修复仍存在许多问题尚未解决。尤其在纤维复合材料修复寿命及环境适应性方面，由于修复用高分子树脂的特点，复合材料修复随时间存在老化现象，修复结构存在一定的使用寿命，对此国内外都存在不同的观点。我国疆域辽阔，西北东部、中原、华东、华中、华南等地区管线所受环境特征有较大差异，环境因素对复合材料的老化作用对于纤维复合材料修复技术的材料要求、结构设计、施工质量控制等均提出了更高的要求。

纤维增强高分子复合材料因其独有的补强和修复能力，近年来得到迅速应用。管道修复中常用的增强纤维有玻璃纤维、碳纤维、芳纶纤维、超高分子量聚乙烯纤维等。碳纤维增强聚合物的强度较高、价格昂贵。部分玻璃纤维增强聚合物的强度已逐渐接近碳纤维增强聚合物，且价格便宜，不易形成腐蚀电池，应用较多。

4.1.1 玻璃纤维及其织物

玻璃纤维是一种性能优异的无机非金属材料，是将熔融的玻璃液以极快的速度拉成细丝而成，其单丝的直径为几微米到二十几微米。由于很细，因而它除了具有普通块状玻璃的一些性质之外，还具有一些新的特点，如消失了玻璃的脆性，变得质地柔软，具有弹性，可并股加捻，纺织成各种玻璃布、玻璃带等织物。

玻璃纤维具有如下性质：①外观特点，一般天然或人造的有机纤维，其表面都有较深的皱纹。而玻璃纤维表面呈光滑的圆柱体，其横截面几乎都是完整的圆形。该外观结构一方面从宏观来看，表面光滑，所以纤维之间的抱合力非常小，不利于和树脂黏结；另一方面由于纤维呈圆柱体，所以玻璃纤维彼此靠近时，空隙填充得较密实。这对提高玻璃钢制品的玻璃纤维含量是有利的。②密度，玻璃纤维的密度较有机纤维要大，但比一般金属密度要低，几乎和铝一样。因此在航空工业上用玻璃钢代替铝钛合金是具有可行性的。玻璃纤维的密度与成分有密切的关系，一般为 $2.5 \sim 2.7 \mathrm{g/cm^3}$，但含有大量重金属的高弹玻璃纤维布密度可达 $2.9 \mathrm{g/cm^3}$。③力学性能，玻璃纤维的拉伸强度较高，但模量较低。玻璃纤维的强度分散性较大，当纤维组分一定时，玻璃纤维表面及内部的缺陷含量取决于生产工艺的控制，如玻璃液中存在的细晶杂质和气泡、玻璃液温度及拉丝温度的波动、漏丝孔直径、卷筒速率等。一般认为玻璃纤维强度服从脆性材料强度的韦伯分布。玻璃纤维产品的强度数据一般都是大量测试数据的平均值。部分玻璃纤维模量较低,约为72GPa,与纯铝模量接近,只有普通钢材的1/3,这是玻璃纤维的主要缺点之一。

玻璃纤维的拉伸强度比同成分的玻璃高几十倍,例如有碱玻璃的拉伸强度只有40～100MPa,而用它拉制的玻璃纤维强度可达2000MPa,其强度提高了20～50倍。

玻璃纤维织物主要指玻璃布。我国生产的玻璃布分为无碱和中碱两类,国外大多数是无碱玻璃布。无碱玻璃布主要用于生产各种电绝缘层压板、印刷线路板、各种车辆车体、储罐、船艇、模具等。中碱玻璃布主要用于生产涂塑包装布和各种耐腐蚀场合。织物的特性由纤维性能、经纬密度所决定。经纬密度又由纱线结构和织纹决定。因此,经纬密度加上纱线结构,就决定了织物的物理性质,如质量、厚度和断裂强度等。

1. 无捻粗纱织物(方格布)

方格布是无捻粗纱平纹织物,是手糊玻璃钢重要基材。

方格布的强度主要在织物的经纬方向上,该方向衬有玻璃纤维无捻粗纱线。对于单一要求经向或纬向强度高的场合,也可以织成单向方格布,它可以在经向或纬向布置较多的无捻粗纱。

对方格布的质量要求如下:①织物均匀,布边平直,布面平整呈席状,无污渍、起毛、折痕、皱纹等;②经密、纬密、面积重量、布幅及卷长均符合标准;③卷绕在牢固的纸芯上,卷绕整齐;④迅速、良好的树脂透性;⑤织物制成的层合材料的干、湿态机械强度均应达到要求。

用方格布铺覆成型的复合材料的特点是层间剪切强度低,耐压和疲劳强度差。

2. 加捻玻璃纤维织物

加捻玻璃纤维织物包括平纹布、斜纹布、缎纹布等。

1)平纹布

平纹布是指每根经纱或纬纱交替地从一根纬纱或经纱的上方和下方穿过织成的织物。平纹布结构稳定、布面密实,但变形性差,适合于制造平面复合材料制品。在各种织物中,平纹结构的织物强度较低。

2)斜纹布

斜纹布是指经纱、纬纱以三上一下的方式交织形成的织物。斜纹布手感柔软,具有一定的变形性,强度高于平纹布。

3)缎纹布

缎纹布是指纬纱以几上一下的方式交织所形成的织物。缎纹布由于浮经或浮纬较长,纤维弯曲少,制成的复合材料制品具有较高的强度。

3. 单向织物

单向织物是一种粗经纱和细纬纱织成的四经破缎纹或长轴缎纹织物,特点是在经纱主向上具有高强度。

钢结构管道的腐蚀问题一直比较突出，采用抗腐蚀性能良好的玻璃纤维增强复合材料（玻璃钢）可以很好地解决该问题，具有很好的发展前景。玻璃钢材料作为轻质高强耐腐蚀材料，在防腐蚀工程中应用较多，如环氧乙烯基树脂基玻璃钢防腐内衬、罐管等。

在管道补强修复工程复合材料中，玻璃纤维居于增强材料的主要地位，是当前管道补强修复工程材料中使用量最大的增强材料。玻璃纤维具有不燃、耐高温、电绝缘、拉伸强度高、化学稳定性好等优良性能，是现代工业和高新技术不可缺少的基础材料。除作为复合材料的增强材料外，玻璃纤维还用于保温材料及隔声材料等。

4.1.2 碳纤维及其织物

碳纤维由有机纤维或低分子烃气体原料在惰性气体中经高温（1500℃）碳化，并进行表面处理后制成。它不仅具有碳材料的固有本征特性，又兼备纺织纤维的柔软可加工性，是新一代增强纤维。

碳纤维及其复合材料，具有高比强度、高比模量、耐高温、耐腐蚀、耐疲劳、抗蠕变、导电、传热和膨胀系数小等一系列优异性能，因而广泛应用在油气管道、航空航天、船舶、汽车、机械电子、建筑、体育用品和医疗器械等方面。

1. 力学性能

碳纤维的拉伸强度 σ_f 高、模量 E_f 大。它本身几乎完全由碳元素组成且为乱层石墨结构，密度比较低，因此具有高的比强度和比模量。碳纤维的模量随碳化过程处理温度的提高而提高，这是因为随着碳化温度升高，结晶区长大，碳六元环规整排列区域扩大，结晶取向度提高。

碳纤维的力学性能在很大程度上与纤维本身的微观结构有关，T300 碳纤维直径最大，其表面沟槽深、宽窄不一且平行度不佳，反映出其前驱体原丝的原纤较粗、粗细不均匀且沿轴向取向性差的聚集态结构特征；其拉断断口的粗大的颗粒状形貌，反映出其致密性较低；其表观结晶度最低，石墨微晶尺寸也最小。以上这些结构特征，导致 T300 碳纤维的力学性能较差。T700S 碳纤维与 T700G 碳纤维的力学性能相近，它们的某些结构特征相似，例如单丝直径、剪断断口形貌、表观结晶度；但在另一些结构特征上有差别，例如 T700S 石墨微晶尺寸、堆砌层数和内部石墨微晶取向性较 T700G 差。T800H 与 T800S 碳纤维除拉伸强度有较大差距外，其他性能相近，它们的单丝直径、剪断断面形貌、表观结晶度、内部微晶取向性等结构特征相似。对碳纤维进行界面改性，提高其力学性能的研究也相当普遍。

2. 物理性能

1）热性能

碳纤维的耐高低温性能很好。在隔绝空气（惰性气氛下），1500℃强度才开始下降，2000℃仍有强度，液氮下不脆断。碳纤维不仅导热性好，热导率随温度的升高而降低，而且热导率具有方向性，在沿着纤维方向的热导率远大于垂直于纤维方向的热导率。高强度碳纤维的热导率要远小于高模量碳纤维的热导率。沿纤维轴向具有负的温度效应，即随温度的升高,碳纤维有收缩的趋势。碳纤维的热膨胀系数沿着纤维轴向为 $-0.9\times10^{-6}\sim-0.72\times10^{-6}℃^{-1}$;垂直于纤维轴向为 $22\times10^{-6}\sim32\times10^{-6}℃^{-1}$;而树脂基体的热膨胀系数约为 $45\times10^{-6}℃^{-1}$,二者之间相差较大,因此碳纤维复合材料在固化后冷却过快或经受高低温变化时,易产生裂纹。

2)与树脂的黏结性

碳纤维表面碳含量较高,没有太多的极性基团且比较稳定,因此其表面活性低。而且石墨化程度越高,碳纤维表面惰性越大。作为聚合物基复合材料的碳纤维,须经表面处理以提高其表面活性。

3. 化学性能

1)氧化性

碳纤维在空气条件下,200~290℃开始发生氧化反应,当温度高于400℃时就会发生明显氧化反应,以 $CO、CO_2$ 的形式从表面散失。高模量纤维的抗氧化性比高强型碳纤维要好很多,如果采用30%磷酸处理,就可以提高其抗氧化性能。此外利用强氧化剂(浓硫酸、浓硝酸、重铬酸、次氯酸)将碳纤维表面碳氧化成含氧官能团,可以提高碳纤维与树脂的界面黏结性能。

2)耐酸性

碳纤维的耐酸性能比较好,对普通酸性介质呈现惰性,耐浓盐酸、磷酸、硫酸等的腐蚀。将碳纤维置于50%的盐酸、硫酸及磷酸中浸泡20d后,其弹性模量、拉伸强度及直径均无变化。

4. 其他性能

碳纤维还具有耐油性、抗辐射性能、抗放射性,能够吸收有毒气体和使中子减速等特性。碳纤维的可加工性能较好,主要体现在:碳纤维及其织物质量轻又可折可弯,可适应不同的构件形状,成型较方便;可根据受力需要粘贴若干层;施工时不需要大型设备,也不需要采用临时固定,而且对原结构无损伤。

碳纤维织物又称碳纤维布,按织造方式分机织碳纤维布、针织碳纤维布、编织碳纤维布及碳纤维无纺布(非织造布)等类型。其中,机织碳纤维布主要有平纹布、斜纹布、缎纹布等;针织碳纤维布主要有经编布等;编织碳纤维布主要有编织带、二维布、三维布、立体编织布等。日本东丽株式会社生产的碳纤维织物见图4-1。

图4-1 日本东丽株式会社生产的碳纤维织物

用以上碳纤维织物作为增强体做成的复合材料除具有先进复合材料高比强、高比模、耐腐蚀、耐疲劳、可设计性强等固有的优点外,还具有损伤容限高,层间剪切强度高,耐冲击,断裂韧性高,抗开裂、疲劳和分层疲劳等优点,其成型能力优良、生产效率高。因此碳纤维织物被应用于油气管道等多个领域。

4.2 材料要求

4.2.1 填平腻子

填平腻子宜选择双组分反应型环氧树脂,技术指标要求见表4-1。

表 4-1 填平腻子技术指标要求

序号	项目	性能指标	检测标准
1	抗压强度/MPa	≥60	GB/T2567—2021
2	抗压弹性模量/GPa	≥2.5	
3	抗拉强度/MPa	≥25	
4	钢-钢拉伸剪切强度/MPa	≥15	GB/T 7124—2008
5	钢-钢黏接抗拉强度/MPa	≥25	GB/T 6329—1996

4.2.2 浸润树脂

浸润树脂宜选择双组分反应型环氧树脂,技术指标要求见表4-2。

表 4-2 浸润树脂技术指标要求

序号	项目	性能指标	检测标准
1	25℃适用期/min	≥20	GB 12007.7—1989
2	拉伸模量/MPa	≥500	GB/T 2567—2021
3	拉伸强度/MPa	≥30	
4	断裂伸长率	≥1.3	
5	钢-钢拉伸剪切强度/MPa	≥15	GB/T 7124—2008
6	钢-钢黏结抗拉强度/MPa	≥25	GB/T 6329—1996
7	玻璃化转变温度/℃	≥65	GB/T 19466.2—2004
8	不挥发物含量/%	≥99	GB/T 2793—1995

4.2.3 纤维布

管道缺陷复合材料补强用纤维布可选择碳纤维布、玻璃纤维布和芳纶纤维布,纤维布的性能指标见表4-3。

表4-3 纤维布技术指标要求

序号	项目	性能指标			检测标准
		碳纤维	玻璃纤维	芳纶纤维	
1	经向拉伸强度/MPa	≥2000	≥650	≥1000	GB/T 3923.1—2013
2	面密度/(g·m^{-2})	200~400	300~1200	100~155	GB/T 9914.3—2001
3	(平纹布)纬向拉伸强度/MPa	≥1000	≥300	≥500	GB/T 3923.1—2013
4	断裂伸长率/%	≥1.5	≥3	≥3	

4.2.4 复合材料性能要求

纤维复合材料是复合材料修复结构中的关键材料。国内对于碳纤维、玻璃纤维和芳纶纤维复合材料的具体性能指标要求详见表4-4。国外对纤维复合材料修复方法适用的材料性能并无明确要求,各主要修复公司的修复材料性能各不相同。本项目收集了国外多家管道修复公司的管道补强用复合材料性能,主要包含碳纤维和玻璃纤维,详细性能见表4-5。

表4-4 国内复合材料性能指标要求

序号	项目	性能指标						检测标准
		碳纤维		玻璃纤维		芳纶纤维		
		单向布经向	平纹布(经向、纬向)	单向布经向	平纹布(经向、纬向)	单向布经向	平纹布(经向、纬向)	
1	抗拉强度/MPa	≥900	≥500	≥600	≥350	≥600	≥350	GB/T 3354—1999
2	抗拉弹性模量/GPa	≥90	≥50	≥20	≥10	≥20	≥10	
3	断裂伸长率/%	≥1.4		≥2		≥2		
4	与钢黏结抗剪强度/MPa	≥8		≥8		≥8		GB/T 7124—2008

表 4-5　国外管道修复用复合材料性能

纤维类型	玻纤		玻纤	玻纤	玻纤	玻纤预成型	玻纤	玻纤	玻纤	玻纤			
公司名称	Air Logistics		Armor Plate Pipe Wrap	Clock Spring	Pipe Wrap A+	Wrap Master	Walker Technical Resources	Neptune Research,Inc.	EMS			Furmanite	T.D.Williamson	
	G-03 织物	G-05 织物							环向200℃	300℃			Heavy Weight PCC-2	ISO24817	Balanced Weight PCC-2	ISO24817
拉伸强度(环向)/MPa	359.14	320.78	497.03	153	357.15*	620.53*		372.32	304.06	717.05	605			1066		1013
拉伸强度(轴向)/MPa	180.89	320.78	47.92	138				234.42	161.34	161.34	347			398		874
拉伸模量(环向)/GPa	19.17	18.13		14.4	20.75*	37.92*	30		30.61	56.95	60	60	58.2	64.2	64.2
拉伸模量(轴向)/GPa	9.24	18.13		9.1			3			15.24	36	30.5	30.5	63.6	63.6
弹性模量/GPa			30.61												
拉伸破坏应变(环向)/%				1.8		1*(25℃)			1.01	1.27	>1				
拉伸破坏应变(轴向)/%				2.7						1.2	>1				
伸长率(环向)/%						40(25℃黏结剂) <1(25℃腻子)		3.2							
泊松比(环向)			0.32	0.11	0.077*		0.3*			0.249		0.16	0.16	0.11	0.11
泊松比(轴向)			0.32	0.07						0.249		0.019	0.019	0.05	0.05
每层拉伸载荷(环向)/(kg·mm⁻¹)	14.55	21			23.231* 16.083 (设…)										
每层拉伸载荷(轴向)/(kg·mm⁻¹)	8.17	21													
弯曲强度(环向)/MPa						179.26*		404.58*	373.01	532.96					
弯曲模量(环向)/MPa	14.55	21			3.1*	13.79*				188.92		54.2		39	
弯曲模量(轴向)/MPa	8.17	21						31.37	16.27	26.2		29		36.9	
厚度/mm	0.39	0.65	1.5875	2.1	0.56					8.76			0.86		0.36
热变形温度/℃	162.78	162.78		205											
热膨胀系数(环向)/℃				2.00E-05	1.02E-05		2.50E-05	1.91E-05		1.01E-05*		3.90E-06	2.32E-06	1.40E-05	7.00E-06
热膨胀系数(轴向)/℃				2.56E-05								1.12E-05	8.31E-06	1.42E-05	7.59E-06
玻璃化转变温度/℃	142.22	142.22		99			149(低温) 121(高环境) 263(高温)				100	77(高温固化),94(50℃后期固化)		(1000h)	(1000h)
黏结强度/MPa	9.38 (用BP-1与金属黏结)	6.82 (复材与金属)	10.31					51.85							
搭接剪切强度/MPa				10		11.03(60℃黏结剂)						>8.3	>8.3	>8.3	>8.3
长期搭接剪切强度/MPa				9.3(93℃水中1000h)			2				15	(1000h)	(1000h)		
剪切模量/GPa				1.1(树脂)	1.28								1.06		
搭接拉伸/MPa			75.84			68.95(60℃腻子)									
压缩强度/MPa								50.88							
能量释放率/%	90		9.05	82.5		78		47(30min) 762h,83(24h)				80(底漆), 85(树脂)	80~84		
硬度(邵氏D)			89											65(腻子)	65(腻子)
断裂韧性,γLCL,J/m²				149											

注：凡数字右上标 * 的值代表该值方向不明。

4.3 结构设计

4.3.1 几何设计

纤维复合材料类型修复技术是将纤维复合材料缠绕于管道外壁,目的是利用纤维材料在纤维方向的高强度性恢复管道的承压能力(图4-2)。

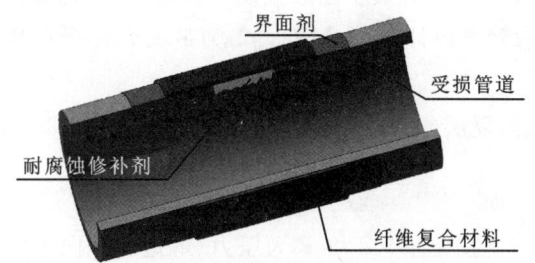

图4-2 纤维复合材料修复结构示意图

目前,纤维复合材料管体缺陷复合材料修复技术主要有两种修复方法,一种是预成型法,另一种是湿缠绕法(图4-3)。预成型法采用不饱和聚酯和玻璃纤维在工厂中预先根据含缺陷管道的管径制备复合套筒,然后在修补现场通过强力胶将复合套筒黏结于管道表面,从而起到恢复管道强度的作用。

(a)湿缠绕法

(b)预成型法

图4-3 纤维复合材料修复技术

4.3.2 修复设计

国内外对纤维复合材料修复结构的结构设计主要依据 *Repair of Pressure Equipment and Piping*(ASME PCC-2—2011)和 *Petroleum, petrochemical and natural gas industries—Composite repairs for pipework—Qualification and design, installation, testing and inspection*(ISO 24817:2017)。标准提出纤维复合材料修复结构设计方法主要分为许用应力设计方法和许用应变设计方法,而其中许用应力设计方法又分为基于基体不屈服假设的许用应力设计方法和基于基

体屈服假设的许用应力设计方法。

1. 基于基体不屈服假设的许用应力设计方法

本设计方法前提是假设基体不发生屈服。

对于环向应力修复,修复层的最小厚度表达式为

$$t_{\min} = \frac{D}{2s} \cdot \left(\frac{E_s}{E_c}\right) \cdot (p - p_s) \tag{4-1}$$

式中:D 为管道外径,mm;s 为钢管最小屈服强度,MPa;E_s 为钢管拉伸模量,GPa;E_c 为复合材料弹性模量,GPa;p 为管道设计压力,MPa;p_s 为最大允许操作压力 MAOP,MPa;$t_{\min}$ 为最小修复厚度,mm。

对于轴向应力修复,修复层的最小厚度表达式为

$$t_{\min} = \frac{D}{2s} \cdot \left(\frac{E_s}{E_a}\right) \cdot \left(\frac{2F}{\pi D^2} - p_s\right) \tag{4-2}$$

式中:E_a 为复合材料轴向抗拉模量,GPa;F 为压力、弯矩和轴向推力造成的轴向载荷,N。

2. 基于基体屈服假设的许用应力设计方法

本设计方法前提是假设基体发生屈服,且假设基体材料符合理想弹塑性模型。本设计方法的设计准则为复合材料许用应变,复合材料许用应变的表达式为

$$\varepsilon_c = f_T \varepsilon_{c0} - \Delta T(\alpha_s - \alpha_c) \tag{4-3}$$

$$\varepsilon_a = f_T \varepsilon_{a0} - \Delta T(\alpha_s - \alpha_a) \tag{4-4}$$

$$f_T = 6 \times 10^{-5}(T_m - T_d)^2 + 0.001(T_m - T_d) + 0.7014 \tag{4-5}$$

式中:ε_c 为复合材料环向许用应变;ε_a 为复合材料轴向许用应变;ε_{c0} 为常数,其取值见表 4-6;ε_{a0} 为常数,其取值见表 4-6;f_T 为温度折减因子;α_c 为复合材料环向热膨胀系数,℃$^{-1}$;α_a 为复合材料轴向热膨胀系数,℃$^{-1}$;α_s 为树脂基体热膨胀系数,℃$^{-1}$;ΔT 为温度变化量,℃;T_m 为复合材料温度许用上限,℃;T_d 为设计温度,℃。

表 4-6 复合材料修复结构长期许用应变

载荷类型	符号	偶然载荷情况下/%	持续载荷情况下/%
$E_a \geqslant 0.5E_c$	ε_{c0}	0.40	0.25
$E_a < 0.5E_c$	ε_{c0}	0.40	0.25
	ε_{a0}	0.25	0.10
备注	① E_a 为复合材料轴向拉伸模量(Pa);E_c 为复合材料环向拉伸模量(Pa)。 ② 偶然载荷(如运行压力超过设计压力)是指管道生命周期内,发生次数不超过 10 次,每次持续时间小于 30min。		

对于环向应力修复,复合材料修复层的设计厚度 t_{repair} 为

$$\varepsilon_c = \frac{pD}{2E_c t_{\text{repair}}} - \frac{s t_s}{E_c t_{\text{repair}}} - \frac{p_{\text{live}} D}{2(E_c t_{\text{repair}} - E_s t_s)} \tag{4-6}$$

对于轴向应力修复,复合材料增强套筒的设计厚度 t_{repair} 为

$$t_{\text{repair}} = \frac{1}{\varepsilon_a E_a} \cdot \left(\frac{pD}{4} - st_s\right) \tag{4-7}$$

式中:t_{repair} 为修复设计厚度,mm;t_s 为管道最小剩余壁厚,mm;p_{live} 为施工过程中的管道内部介质的实际工况压力,Pa。

3. 许用应变设计方法

对于环向应力修复,复合材料修复层的最小厚度 $t_{\min}$ 为

$$t_{\min} = \frac{1}{\varepsilon_c}\left(\frac{pD}{2}\frac{1}{E_c} - \frac{F}{\pi D}\frac{v_{ca}}{E_c}\right) \tag{4-8}$$

对于轴向应力修复,复合材料修复层的最小厚度 $t_{\min}$ 为

$$t_{\min} = \frac{1}{\varepsilon_a}\left(\frac{F}{\pi D}\frac{1}{E_a} - \frac{pD}{2}\frac{v_{ca}}{E_c}\right) \tag{4-9}$$

式中,v_{ca} 为复合材料环向方向的泊松比。

对于环向应力修复和轴向应力修复,复合材料增强套筒的轴向最小宽度 L 为

$$L = 5\sqrt{\frac{Dt}{2}} + L_{\text{defect}} + 2L_{\text{taper}} \tag{4-10}$$

式中:L 为复合材料增强套筒轴向最小宽度,mm;L_{defect} 为缺陷轴向宽度,mm;L_{taper} 为复合材料增强套筒边界斜坡宽度,mm,$\frac{L}{L_{\text{taper}}}$ 最小值建议为 5;t 为管道壁厚,mm。

中国石油天然气管道科学研究院对 3 种设计方法的保守度进行分析,在基于基体屈服许用应力设计方法的基础上,考虑复合材料在服役环境下的长期老化及性能衰退,对该设计方法进行了修正。通过对古尼耶夫等(1991)建立的剩余强度寿命预测模型进行简化,并将其引入结构设计方法,提出了考虑复合材料长期寿命的修复结构设计方法。

首先采用简化的剩余强度模型对修复用的复合材料开展剩余强度寿命预测。

$$S = S_1 - A\ln(1 + Bt) \tag{4-11}$$

$$S_1 = S_0 + \Delta S \tag{4-12}$$

式中:ΔS 为复合材料后固化增强项;A 为材料老化参数;B 为材料抗老化参数;S 为材料老化后的强度;S_0 为初始强度值;t 为管道壁厚,mm。

根据式(4-11)和式(4-12),对复合材料开展短周期的长期性能试验,将试验得到的复合材料性能衰退情况进行理论拟合,即可得到剩余强度拟合曲线和相应的剩余强度计算公式。

结合试验建立的复合材料长期寿命预测模型,对基体屈服的许用应力设计方法中的复合材料许用应变 ε_c 进行修正。

$$\frac{\varepsilon'_c}{\varepsilon_c} = \frac{S_1 - A\ln(1 + Bt)}{S_1} \tag{4-13}$$

$$\frac{\varepsilon'_a}{\varepsilon_a} = \frac{S_1 - A\ln(1 + Bt)}{S_1} \tag{4-14}$$

式中:ε'_c 为修正后的复合材料环向许用应变;ε'_a 为修正后的复合材料轴向许用应变。

对于环向应力修复，复合材料增强套筒的设计厚度 t_{repair} 为

$$\varepsilon_{\text{c}}' = \frac{pD}{2E_{\text{c}}t_{\text{repair}}} - \frac{st_{\text{s}}}{E_{\text{c}}t_{\text{repair}}} - \frac{p_{\text{live}}D}{2(E_{\text{c}}t_{\text{repair}} - E_{\text{s}}t_{\text{s}})} \tag{4-15}$$

对于轴向应力修复，复合材料增强套筒的设计厚度 t_{repair} 为

$$t_{\text{repair}} = \frac{1}{\varepsilon_{\text{a}}'E_{\text{a}}} \cdot \left(\frac{pD}{4} - st_{\text{s}}\right) \tag{4-16}$$

式中：t_{repair} 为修复设计厚度，mm；t_{s} 为管道最小剩余壁厚，mm；s 为钢管最小屈服强度，MPa；E_{c} 为复合材料弹性模量，MPa；E_{s} 为钢管拉伸模量，GPa；p 为管道设计压力，MPa；D 为管道外径，mm；p_{live} 为施工过程中的管道内部介质的实际工况压力，Pa。

4.4　施工流程

4.4.1　管体表面处理

清除旧防腐层长度至少超出待修复缺陷两侧各 500mm。清除后的表面应无明显的旧涂层残留，清除过程中避免损伤管体金属。清除下来的旧防腐层不得现场弃置，应收集并按照环保要求统一处理。

表面处理长度至少超出修复两端各 100mm。待修复管体表面除锈等级应达到 GB/T 8923.1—2011 要求的 Sa2.5 级或 St3.0 级。

管体除锈后应采用丙酮或无水酒精对修复区进行擦拭。

宜对除锈后的管体表面进行磷化处理，磷化处理后应对管体表面进行清洗。

表面处理后应进行管体表面粗糙度和洁净度测试。可采用比较板法、千分尺法和拓印纸法测量修复区管体表面粗糙度，表面粗糙度应不低于 $30\mu m$。

表面处理后，应在 4h 内进行后续施工环节。

4.4.2　腻子配置与涂敷

根据缺陷形状特征，配制适量填平腻子。配制过程中按产品说明书中规定比例将腻子用树脂、固化剂和填料称量准确后放入容器内，搅拌 2～3min，确保树脂、固化剂和填料充分混合后方可使用，搅拌好的胶液色泽应均匀。

用填平腻子将管道表面凹陷部位（蜂窝、麻面、小孔、凹坑等）修补至平整，确保复合材料修复时与管道及缺陷修补表面紧密接触，无空隙、死角。修补完成静置，直至填平腻子表干。

4.4.3　底漆涂刷

碳纤维修复时，应在待修复管道表面涂刷底漆或做绝缘处理。

将底漆用树脂与固化剂按规定比例称重准确后放入容器内，用搅拌器搅拌 2～3min，确保充分混合，底漆涂覆厚度不低于 $100\mu m$。

待底漆表干但未完全固化时，进行电火花检漏，检测电压不低于 3kV，检测无漏点后方可缠绕纤维布。

4.4.4 纤维浸润胶液配置

将纤维浸润胶液用树脂与固化剂按规定比例称重准确后放入容器内,用搅拌器低速搅拌2～3min,搅拌好的胶液色泽应均匀。

单次配置总量应控制在 4kg 以内,搅拌后胶液应在适用期内使用完毕。

配置完成,留 20g 参比胶,放置在工作环境中,用以监测胶液的凝胶状况。

施工期间宜对胶液进行搅拌散热,防止暴聚。施工中如发现胶液中有结块并伴有放热现象,立即停止使用。

胶液在施工过程中应防止水、油、灰尘等杂质混入。

4.4.5 湿法缠绕施工

湿法缠绕修复工艺流程如图 4-4 所示。

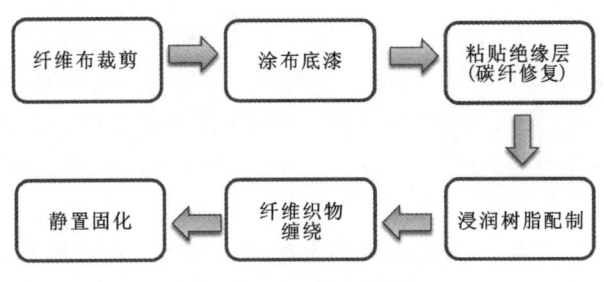

图 4-4 湿法缠绕施工流程

1. 碳纤维湿法缠绕

(1)碳纤维布裁剪。碳纤维片材在裁剪过程中容易受损,因此,裁剪时应使用钢直尺、壁纸刀或者剪刀。严格按设计要求的尺寸及层数裁剪碳纤维布。为防止片材在保管、运输过程中损坏,片材的裁切数量应以当天的用量为准。

(2)此技术采用的碳纤维布为单向布,如果施工具有环向接头,则碳纤维片的环向接头必须搭接 25mm 以上。环向缠绕时,如果具有轴向接头,则接头在轴向方向不需要搭接。

(3)碳纤维修复区域要完全覆盖缺陷,且修复区域至少要比缺陷区域两侧分别长出15～20cm。

(4)配胶。将环氧黏浸胶的主剂与固化剂按规定比例称量准确后放入容器内,用搅拌器搅拌均匀。一次配胶量应以在可使用时间内用完为准。建议配胶量以每次 1～2kg 为宜,且在容器内胶的厚度不宜超过 25cm。

(5)涂胶。贴片前用滚筒刷(或油漆刷)将调配好的粘浸树脂均匀涂抹于待粘贴的部位,有搭接的部位应多涂刷一些。对涂刷厚度无特殊要求,但必须将需要补强的管道区段全部涂刷到。

(6)粘贴绝缘纤维片和碳纤维片。首先在底层粘贴绝缘纤维片,绝缘纤维片的宽度要比碳纤维片两侧各长出 5cm;然后在绝缘纤维片上继续粘贴碳纤维片。贴片时,在纤维片和树脂之间不应残留有空气。为此,可用罗拉(专用工具)沿纤维方向在纤维片上反复滚压多次,对焊缝的拱起部位要向相反的方向滚压,以去除气泡,使黏浸胶充分渗透碳纤维布。

(7)确保没有空鼓现象出现。

(8)需要粘贴两层以上碳纤维时,重复(5)~(7)步骤。

2. 玻璃纤维湿法缠绕

(1)纤维布裁剪。纤维片材在裁剪过程中容易受损,因此,裁剪时应使用钢直尺、壁纸刀或者剪刀。严格按设计要求的尺寸及层数裁剪纤维布。为防止片材在保管、运输过程中损坏,片材的裁切数量应以当天的用量为准。

(2)黏结树脂的配置。将黏结树脂按比例准确称量,A、B两组分充分搅拌均匀,无明显色差后即可使用。配置树脂时应注意以下事项:树脂每次配置量以 1~2kg 为宜。所有树脂要求于 1h 内施工完毕。

(3)缠绕玻璃纤维复合增强材料。用滚桶刷或毛刷将树脂均匀涂抹于管道表面,厚度不超过 0.4mm,并不得漏刷或有流淌、气泡。将玻璃纤维单向布一端贴在管道表面,缠绕一圈后用滚轮滚压使之服帖。将调配好的树脂均匀涂抹于已缠绕至管壁上的玻璃纤维布上,在搭接、拐角部位适当多涂抹一些。继续进行第二层纤维布缠绕。按照以上手法缠绕玻璃纤维直至达到规定层数。

(4)缠绕时用力拉紧玻璃纤维布,表面看到树脂被挤出。在纤维布和树脂之间不应有空气残留。可用罗拉(专用工具)沿纤维方向在纤维片上反复滚压多次,对焊缝的拱起部位要向相反的方向滚压,以去除气泡,使黏浸胶充分渗透纤维布。

(5)直管段缠绕时第二层压住第一层垂直缠绕。

4.4.6 预浸料缠绕施工

预浸料施工修复层缠绕工艺流程如图 4-5 所示。

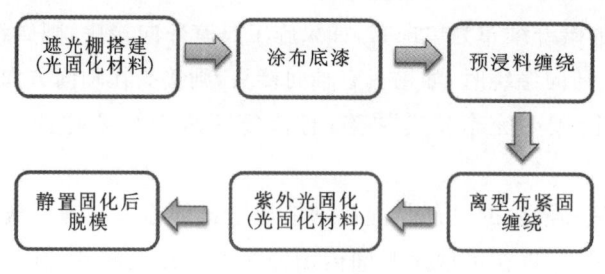

图 4-5 预浸料施工流程

(1)高强光敏玻璃钢预浸料缠绕带施工期间应隔绝紫外线照射。应采用专用帐篷遮蔽紫外线,并在施工完毕之后,让防护层立刻见阳光固化,不提倡夜晚施工。采用专用帐篷遮蔽紫外线时,帐篷的四周必须遮光,帐篷布最好选用黑色。至少保证高强光敏玻璃钢预浸料缠绕带放在其内 1h 不硬化。

帐篷内应架设电灯,白炽灯及日光灯都不会引起高强光敏玻璃钢预浸料缠绕带的固化,但是,电焊发出的光可以迅速使高强光敏玻璃钢预浸料缠绕带固化,所以,帐篷内不能电焊作业。做好上述准备后,施工人员要戴好衬胶手套,防止皮肤直接与预浸料中的树脂接触。

(2)按比例配置底漆,并均匀涂刷到修复区,涂刷厚度应达到 $300\mu m$ 以上。外观应无皱褶、气泡、光滑、无漏涂。待其表干后,在涂层较软但不黏手的状态下缠绕高强光敏玻璃钢预浸料。根据经验,25℃下,需要 60~90min。

(3)在确保无阳光及紫外光的环境中打开高强光敏玻璃钢预浸料的外包装。否则,一旦见光,数十秒内就硬化,丧失使用功能。

(4)高强光敏玻璃钢预浸料施工中需要将黑色的防紫外膜揭去,揭膜侧朝向管线,直缠包覆在管线上,保证缺陷处于包覆区域的中间,包覆区域覆盖的轴向长度满足距离缺陷轴向的最小距离。并且,应保证纤维与管道轴向垂直,缠绕角度误差不大于3°。施工中一定要拉紧缠预浸料,使之与管线紧密贴实,嵌入底涂胶之中。

(5)高强光敏玻璃钢预浸料缠绕带单层的干膜厚度为 0.85mm,拉紧直缠,直到规定厚度。缠绕中应用手反复推干,挤出层间的气泡,并保证修复层表面光滑无褶皱,层间紧密结合。施工中预浸料如需端部搭接,搭接长度不应小于 200mm。

(6)高强光敏玻璃钢预浸料缠绕完毕之后,涂刷一道面涂胶(面涂胶是一种单组分光敏胶,与预浸料树脂成分相同),之后应再缠绕一层上光膜。采用50%搭接方式缠绕上光膜,拉紧包覆,达到把高强光敏玻璃钢预浸料中的树脂挤出到表面上的箍紧程度。这样就达到了补强内层是富纤维层,起增强作用,外层是富树脂层,起防水防腐作用的目的,同时保证了增强层纤维含量的恒定不变。

(7)上述施工完毕之后,让高强光敏玻璃钢预浸料立刻见光固化。一般情况下,对于3mm 厚度以下的涂层,阳光直接照射 20min 或紫外灯 1000W 照射 5min 即可完全固化;对于3mm 以上的补强涂层,必须采用专业固化灯进行固化。对于要求较厚的补强涂层,必须采用分次固化。

(8)分次固化基本原则是,3~4 层为一次,待上一次完全固化后,再涂刷一遍 S-1000 底涂胶,表干后缠绕 S-1000 高强光敏玻璃钢预浸料 4 层,再进行灯光固化,以此类推。

(9)高强光敏玻璃钢修复层固化后,将外面定型用的聚酯上光膜去除。

4.4.7 树脂固化

修复完毕后应静置固化,并应按照树脂产品说明书规定的环境进行养护。采用光固化树脂时,应采用紫外照射设备对背光和阳光照射不足的地方进行固化处理。

达到固化时间要求后,应采用巴氏硬度计或邵氏硬度计检测修复结构硬度,巴氏硬度不小于 40 或邵氏硬度不小于 70 为合格。严禁修复层硬度不合格时,进行下一步工序。

修复层固化期间应使用遮挡物防止风沙或雨水污染修复层表面。

4.4.8 现场检测

修复层轴向中心线偏差不应大于 10mm,长度负偏差不应大于 15mm。

用小锤轻轻敲击修复层表面检验空鼓情况,缺陷位置附近100mm内不允许存在空鼓。修复结构整体空鼓率不应超过5%。

褶皱高度不应大于2.5mm。

杂质、气泡、麻点宽度不应超过10mm,高度不应超过2.5mm。

针孔深度不得超过修复层厚度。

纤维缠绕方向和修复层数应符合设计要求。

采用测厚仪测量固化后修复层0点、3点、6点、9点处厚度,每处测量3次,测试结果应不小于设计厚度。

每20处修复点至少抽查1个点进行修复层剥离强度测试,剥离强度不应低于70N/cm。不足20处时至少抽查1个,若1处不合格,应另选取2处再抽查,如仍有不合格,该修复段全部返修。完成测试后,应对测试点进行修复。

4.5 修复效果评价

4.5.1 金属损失缺陷修复效果研究

为实际验证复合材料增强套筒的修复性能,使用现场工艺模拟修复试验中的 $\Phi1219$mm 复材套筒修复结构进行水压爆破试验来分析复材套筒的补强效果。

1. 修复管体及缺陷信息

试验所用管材为 $\Phi1219\times18.4$mm 的 X80 螺旋钢管,环焊缝焊接采用 STT+FCAW-S。缺陷尺寸为 300mm(轴向长度)×50mm(环向长度)×12mm(深度)采用铣床加工,如图4-6所示。修复试验前采用人工打磨的方式对缺陷进行平滑处理,之后采用超声波测厚仪对缺陷处剩余壁厚进行测量,测量结果如表4-7所示,环焊缝两侧剩余壁厚存在差异,为环焊缝错边导致。

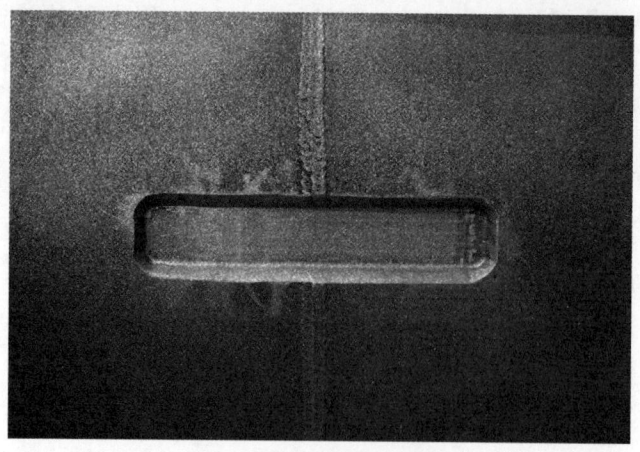

图4-6 人工缺陷实物图

表 4-7 剩余壁厚测量结果

环向边缘距离/mm	轴向距边缘距离/mm										
	10	40	70	100	130	150 环焊缝	160	190	220	250	280
10	4.782	4.493	5.193	5.338	5.429	7.225	7.132	6.834	6.767	6.472	6.730
20	4.622	4.766	4.941	5.111	5.246	7.056	6.959	6.696	6.493	6.381	6.227
30	4.606	4.696	4.838	5.060	5.131	6.780	6.839	6.594	6.477	6.444	6.166
40	4.662	4.825	5.032	5.067	5.352	7.121	6.977	6.831	6.677	6.535	6.379

缺陷修复试验采用玻璃纤维＋环氧树脂复合材料进行湿法缠绕。

2. 应变测试方案

水压爆破试验中,需要对管体及修复层应变进行监测,因此需在管体、修复层中间及修复层外表面粘贴应变片。应变片布置位置如图 4-7 所示。在修复前、修复过程和修复后根据所示应变片粘贴位置分别进行应变片粘贴并完成测试信号线连接,如图 4-8 所示。

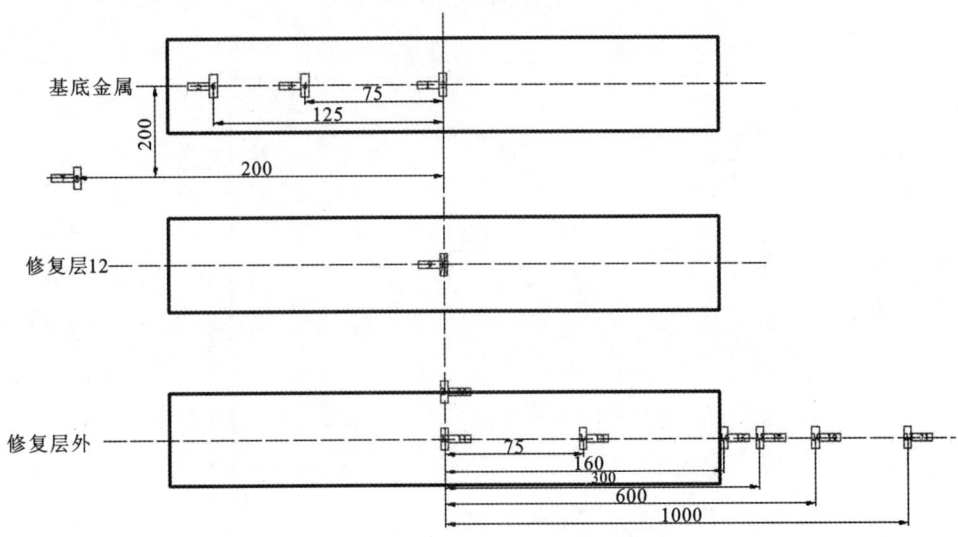

图 4-7 应变测试位置示意图

3. 试验结果

图 4-9 和图 4-10 分别显示了压力时间曲线和爆破钢管实物图,爆破压力为 23.1MPa,爆破口位于修复层和端部封头焊缝之间,爆破口长度约 1700mm,距离修复层边缘 300mm,距端部环焊缝 100mm。

图 4-8 修复及应变片布置过程

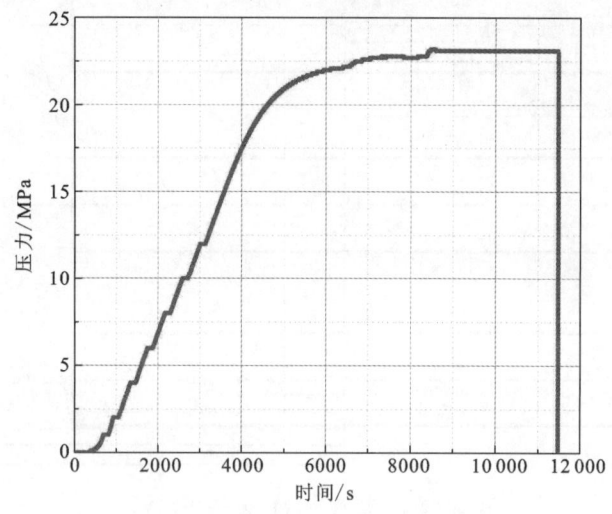

图 4-9 爆破试验压力与时间曲线

图 4-11 所示为本次试验所有测试点应变随内压变化情况,由图示可见:

(1)缺陷处 3 点(R2、R4、R6)应变最大,且 3 点同在 14.07MPa 时曲线出现一折点,之后随着压力增大应变增长速度变快。至管道爆破时,缺陷处 3 点环向应变仍未超过 6%,最大点为轴线距缺陷中心 75mm 处的 R4,应变为 5.44%。

(2)修复层应变均较小,均未超过 $10\,000\mu\varepsilon$,即 1%。

图 4-12 所示为管体及缺陷处各点环向应变,R8、R20、R22 分别为轴向距离缺陷中心

图 4-10 缺陷修复爆破钢管

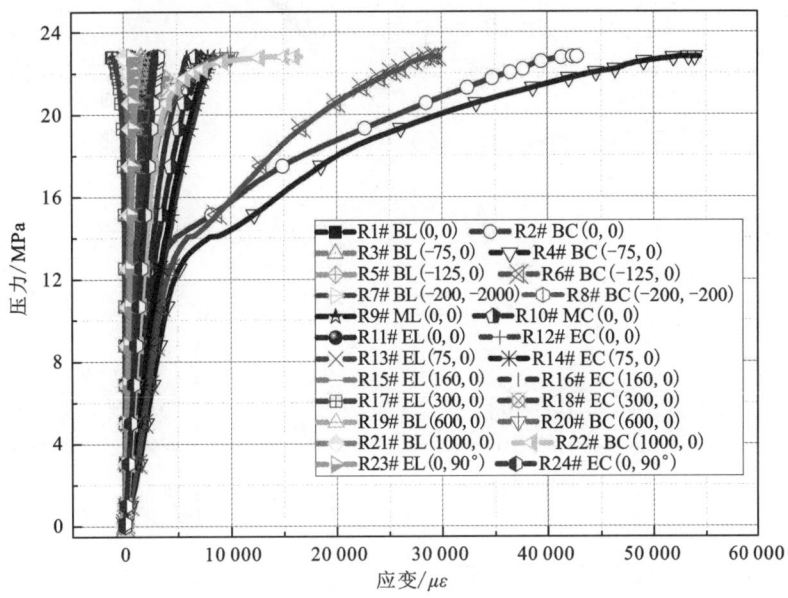

图 4-11 全部测点应变测试结果

200mm、600mm 和 1000mm 的 3 点,其中 R8 位于修复层内管体,其余两点则位于修复层外。R20、R22 应变随压力变化曲线几乎重合,且应变值远高于 R8 点,表明复合材料修复对修复处管体环向有明显增强作用。

修复层各点环向应变随压力变化如图 4-13 所示。R12、R14、R16、R18 为修复层外部沿缺陷轴线分布各点,距缺陷中心轴向距离分别为 0mm、75mm、160mm、300mm,在爆破试验全过程,随着距缺陷中心距离增加应变减小。同处于缺陷中心修复层上两点 R10、R12,分别为修复层外层及中间修复层上测点,在爆破试验全过程,外层测点 R12 应变值均高于中间层测点 R10。

如图4-14所示为管体及缺陷处各点轴向应变,R7、R19分别为轴向距离缺陷中心200mm、600mm的两点,其中R7位于修复层内管体,R19位于修复层外,且应变值远高于R7点,表明复合材料修复对修复处管体轴向有明显增强作用。

修复层各点轴向应变随压力变化如图4-15所示。R11、R13、R15为修复层外部沿缺陷轴线分布各点,距缺陷中心轴向距离分别为0mm、75mm、160mm,在爆破试验全过程,随着距缺陷中心距离增加应变减小。同处于缺陷中心修复层上两点R8、R11,分别为修复层外层及中间修复层上测点,在爆破试验全过程,外层测点R11应变值均高于中间层测点R9。

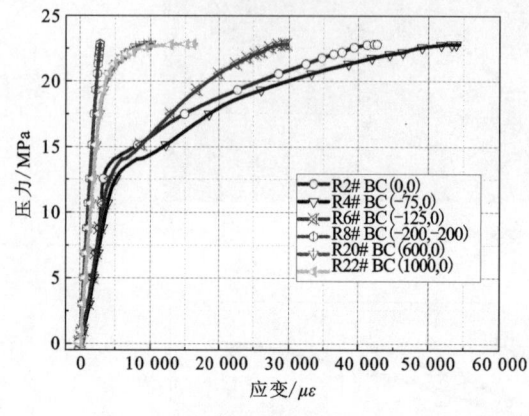

图4-12 管体及缺陷各点环向应变

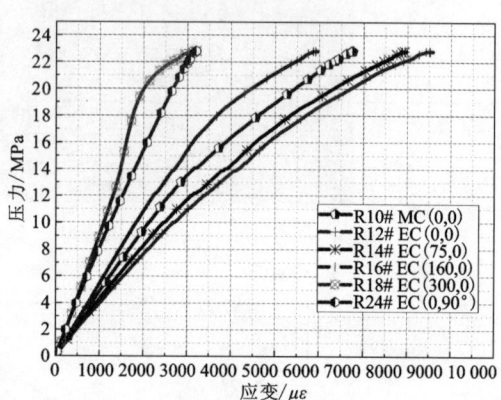

图4-13 修复层各点环向应变

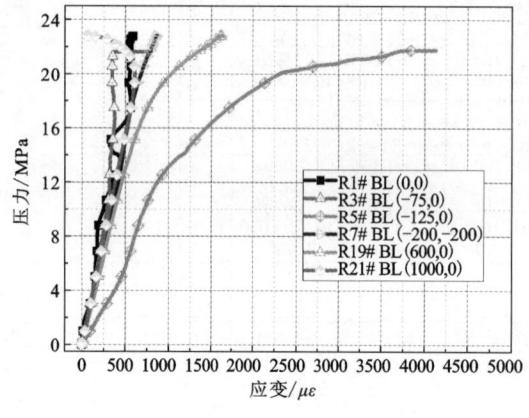

图4-14 管体及缺陷各点轴向应变

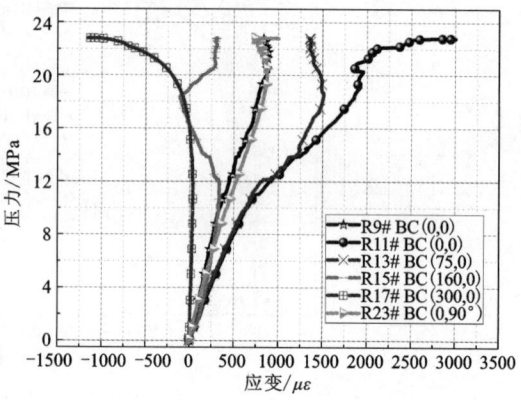

图4-15 修复层各点轴向应变

4. 修复效果对比分析

表4-8所示为环焊缝含金属损失缺陷钢管和缺陷修复钢管根据缺陷尺寸计算预测爆破压力和试验爆破压力对比,可见两根钢管材质、焊材焊接工艺均相同的情况下,且修复用钢管缺陷深度高于未修复钢管,修复钢管爆破压力远高于缺陷钢管,且爆破位置位于管体非缺陷区域,表明缺陷修复后钢管的承压能力明显提高。

表 4-8 缺陷预测爆破压力与实际爆破压力对比

序号	内容	缺陷爆破试验	修复爆破试验
1	母材-母材	HY119198-HY119203	HY119198-HY119203
2	缺陷剩余壁厚	6.29mm(最小值) 7.09mm(平均值)	4.49mm(最小值) 5.91mm(平均值)
3	预测爆破压力	12.54MPa(最小壁厚计算) 13.87MPa(平均壁厚计算)	10.13MPa(最小壁厚计算) 12.07MPa(平均壁厚计算) 21.34MPa(全壁厚计算)
4	爆破位置	缺陷处	管体
5	爆破压力	15MPa	23.1MPa

5. 总结

本部分使用玻璃纤维湿缠绕法对含金属损失缺陷的 $\Phi1219mm$ 管道进行了修复,并通过水压爆破试验对修复效果进行了验证。试验结果表明,

(1)采用玻璃纤维修复后的缺陷管道在设计压力下保压未发生泄漏,在继续加压后于完整管体处爆破,该修复技术恢复了含缺陷管道的承压能力。

(2)按照试验所规定的复合材料修复施工及检测方法可保证修复施工质量。

4.5.2 凹陷缺陷修复效果研究

1. 修复管体及缺陷信息

修复用钢管钢级为X80,编号为1681007931,直径为1219mm,壁厚为18.4mm。为保证单纯凹陷和修复用凹陷的一致性,同样采用直径200mm的压头加工凹陷,下压深度为430mm,如图4-16所示。

图 4-16 管体凹陷加工

在凹陷加工完成后,借助激光投线仪测量了凹陷轴向中心线上的深度。对比分析了7931钢管和8115钢管凹陷轴向中心线上的位移,即凹陷轴向剖面,如图4-17所示。可以看出,7931钢管凹陷最大深度为274mm,8115钢管凹陷最大深度为281mm,分别为管径的22.5%和23.1%;且随凹陷距离的增加,位移变化趋势基本一致。

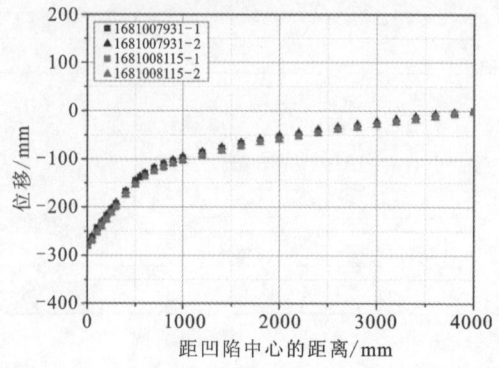

图4-17 试验用钢管轴向中心线位移变化情况

受场地空间限制,无法在12MPa内压下进行修复,为保证与现场修复情况尽可能接近,在修复前先加内压至12MPa,然后泄压至0MPa,使凹陷缺陷在内压作用下部分回弹恢复。随后采用玻璃纤维预浸料对凹陷进行修复,再进行水压爆破试验。

2. 应变测试方案

根据8115钢管凹陷水压爆破试验中应变变化规律,在钢管表面关键位置粘贴应变片,以对比复合材料修复缺陷与未修复缺陷在内压作用下的应变差异;同时为了研究修复层的修复受力情况,在第四层修复层以及修复层外表面粘贴应变片,对修复层受力情况进行分析。关键位置如图4-18和表4-9所示。

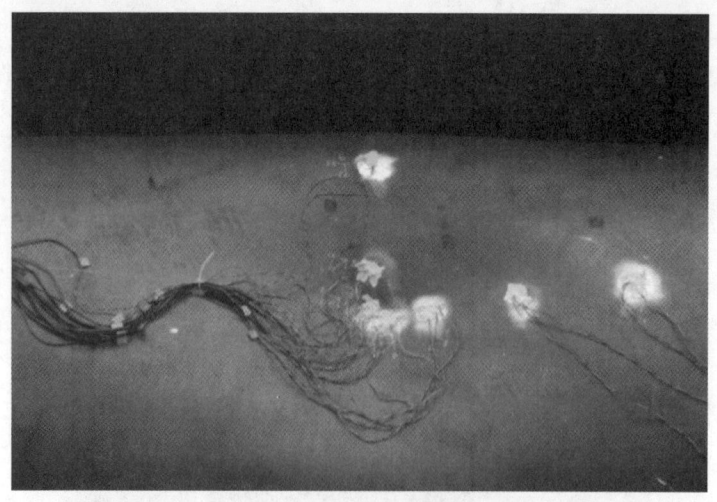

图4-18 钢管表面关键位置

表 4-9 关键应变点位置

过程	编号	位置		距凹陷中心的距离/mm
初次加压	1#～9#	钢管表面	轴向	依次为 0、50、110、300、550、2000
			环向	依次为 50、110、400
修复后水压试验	1#～9#	钢管表面	轴向	同上
			环向	
	10#、11#	修复层	第四层	轴向距凹陷中心 0、300mm
	12#、13#		最外层	轴向距凹陷中心 0、110mm

3. 加压凹陷回弹

为保证与现场修复情况尽可能接近,在修复前先加内压至 12MPa,然后泄压至 0。位移传感器及应变采集频率均为 4 次/min。

通过应变测试分析了内压作用下凹陷的变形情况,如图 4-19 所示。1#～6# 测点沿管道轴向方向,分别距凹陷中心 0、50mm、110mm、300mm、550mm、2000mm。各测点环向应变均为拉应变,12MPa 时凹陷肩部测点应变最大,中心测点应变较小,与 8115 钢管凹陷规律一致;各测点轴向应变变化不同,除 3# 测点外,其他测点均为压应变;其变化规律与 8115 钢管凹陷一致。

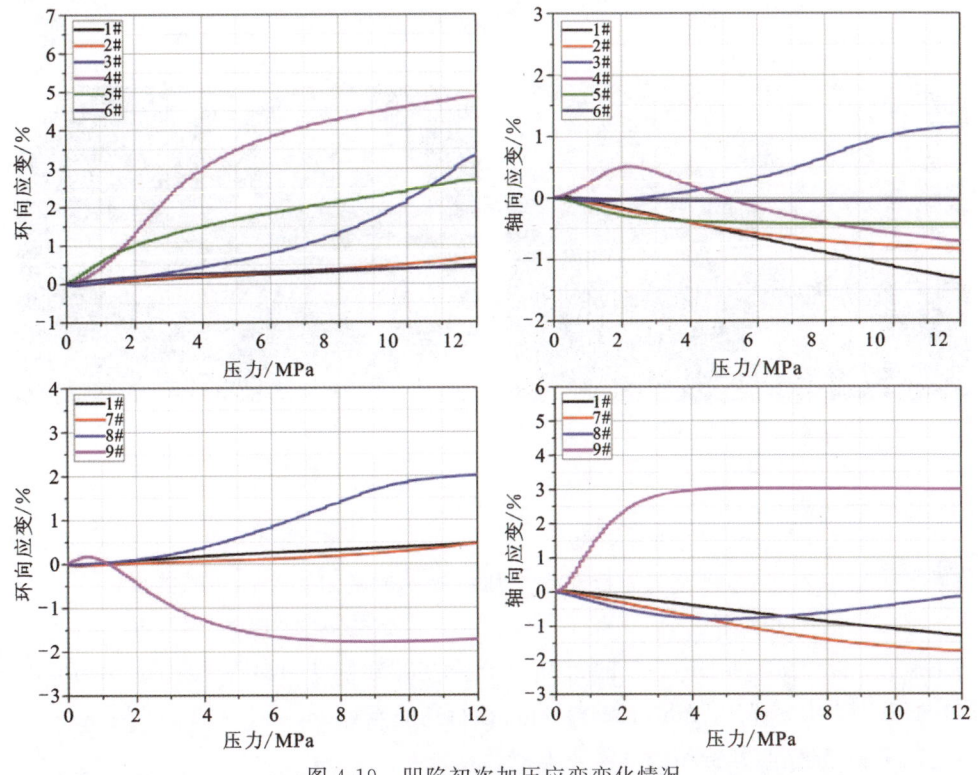

图 4-19 凹陷初次加压应变变化情况

7#～9#测点沿管道环向方向,分别距凹陷中心50mm、110mm、400mm。对于环向应变,除9#测点为压应变,其他测点均为拉应变;对于轴向应变,除9#测点为拉应变,其他测点均为压应变;其变化规律与8115钢管凹陷一致。

初次加压过程中,采用位移传感器监测凹陷中心位移情况,内压达到12MPa时,凹陷回弹量为192mm,即凹陷深度为管径的6.7%,对比7931钢管和8115钢管两凹陷在12MPa时的回弹情况,可以看出回弹趋势及数值基本一致,进一步说明两凹陷修复前后应变情况具有可对比性;当泄压至0MPa时,凹陷回弹量为148mm,凹陷深度略深于未泄压时,约为管径的10.3%。泄压后,测得凹陷轴向长度约700mm,环向长度约300mm,如图4-20和图4-21所示。

初次加压泄压后,按照修复设计方案进行修复。修复采用玻璃纤维预浸料进行缠绕修复。

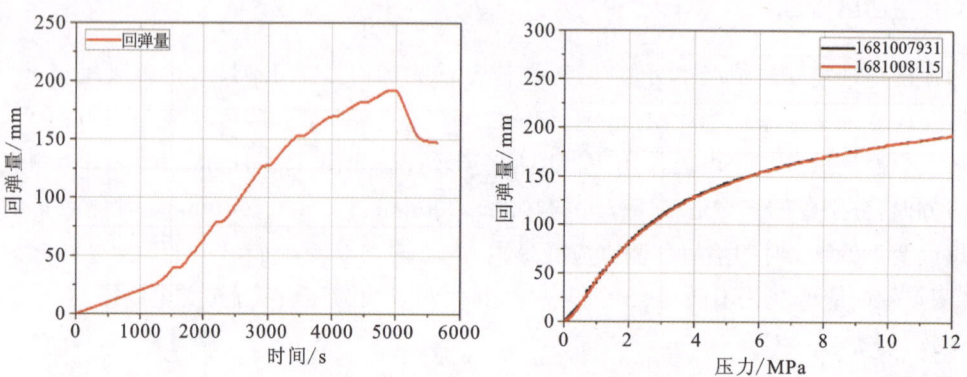

图4-20 初次加压—泄压过程凹陷的回弹情况

 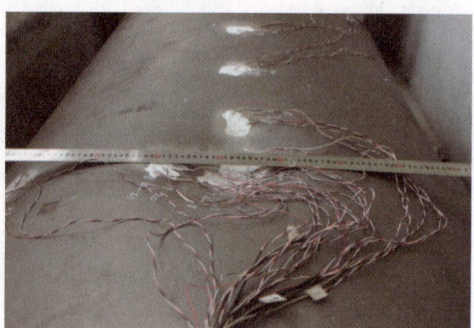

图4-21 初次加压—泄压后凹陷形貌

4. 水压爆破试验

待修复层完全固化后,将修复管段运至水压爆破试验场进行水压爆破测试。

水压爆破试验设置如下。

增压速度:以2MPa/min左右的打压速度打压,分别于1MPa、2MPa、4MPa、6MPa、8MPa、10MPa、12MPa保压2min,12MPa后持续打压直至爆破。

应变仪采集速度:4次/min。

5. 试验结果

图4-22为实际测得的水压曲线,当压力达到21.6MPa时管道发生爆破,爆破位于靠近制管焊缝较近的管体处(图4-23)。爆破口长度约1700mm。

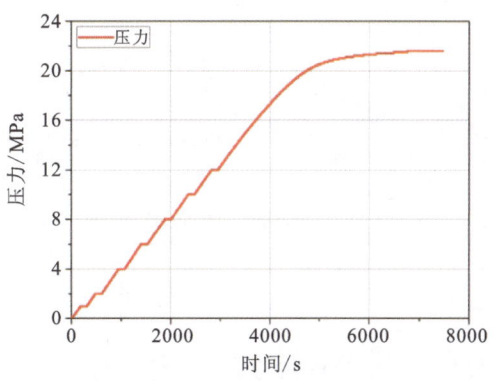

图4-22 凹陷修复管道水压曲线

图4-23 修复钢管爆破形貌

图4-24为钢管表面测点变形情况,1♯~9♯为钢管表面测点,在试验过程中,8♯测点和9♯测点环向应变片失效。其他测点中,3♯测点环向应变最大,约4%,其次是5♯、4♯测点环向应变,为1.5%~2%,其他应变均较小,说明凹陷肩部处应变变形最大。

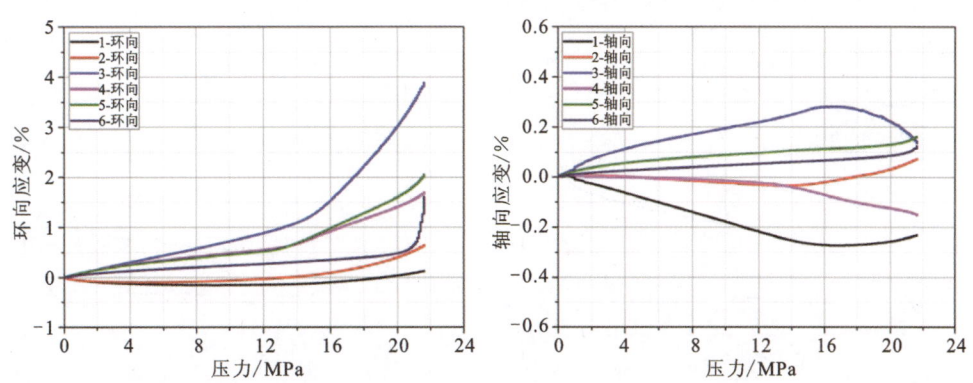

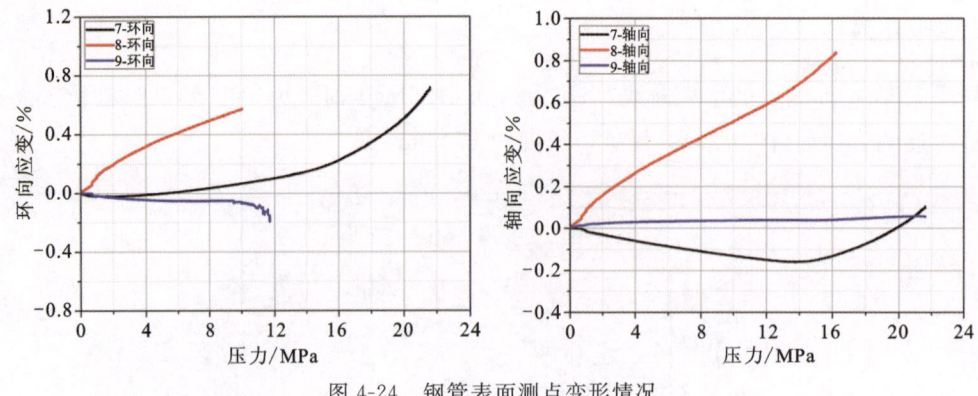

图 4-24 钢管表面测点变形情况

6. 修复效果对比分析

为验证修复效果的有效性,本节对比修复前后相同测点应变,如图 4-25 所示。可以看出,相比于修复前,无论是 12MPa 还是最终爆破时,修复后相同测点应变明显减小。以修复后最大应变点 3♯测点为例说明,12MPa 时修复前环向应变为 2.7%,轴向应变为 1.2%,而修复后环向应变为 0.9%,轴向应变为 0.22%;最终爆破时修复前环向应变为 14.8%,轴向应变为 -0.76%,而修复后环向应变为 3.8%,轴向应变为 0.14%,相比于未修复的凹陷,应变量显著减小。

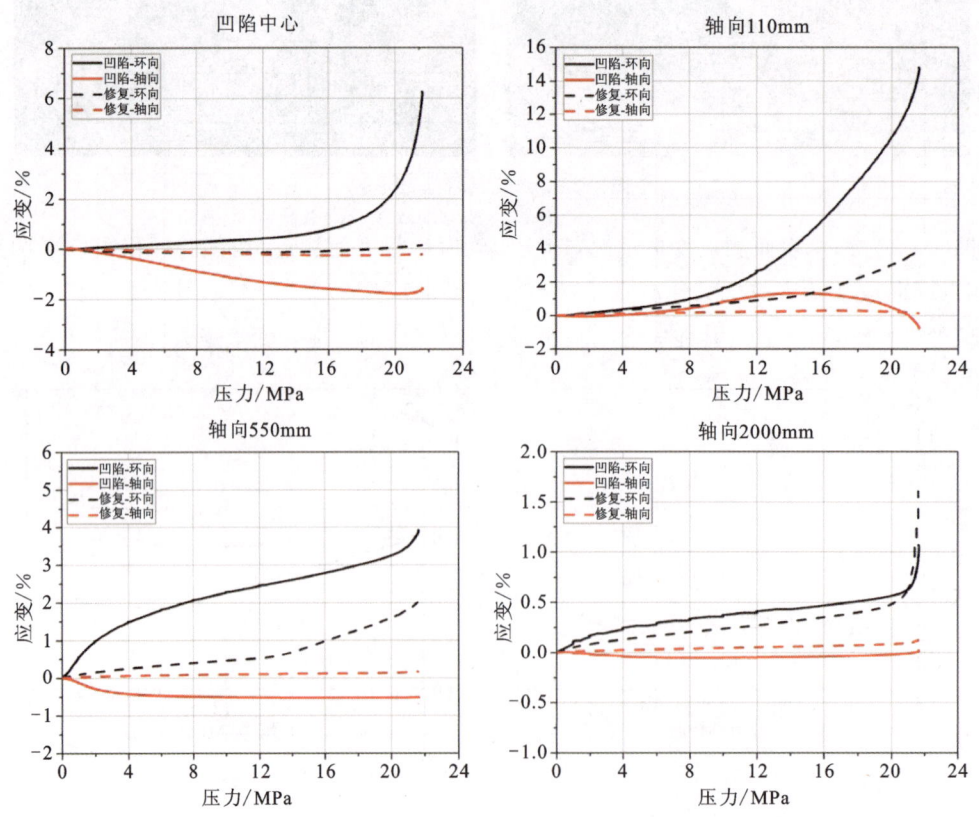

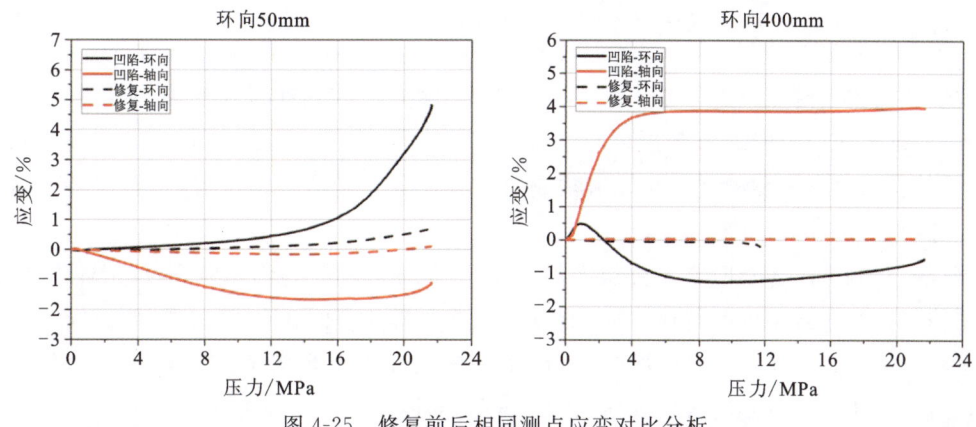

图 4-25　修复前后相同测点应变对比分析

综合上述分析,尽管修复后钢管爆破压力与未修复钢管相同,且均位于靠近制管焊缝处的管体处,但是从水压试验过程中关键位置的应变变化情况可以看出修复后凹陷处应变量明显小于未修复前的,说明采用纤维修复能够起到有效的补强作用。

7. 总结

本部分使用玻璃纤维预浸料法对含凹陷缺陷的 $\Phi1219mm$ 管道进行了修复,并通过水压爆破试验对修复效果进行了验证。对比分析未修复凹陷与修复后凹陷的全尺寸水压爆破试验数据,试验结果表明,

(1)采用玻璃纤维修复后的缺陷管道在设计压力下保压未发生泄漏,在继续加压后于完整管体处爆破,该修复技术恢复了含缺陷管道的承压能力。

(2)按照试验所规定的复合材料修复施工及检测方法可保证修复施工质量。

4.5.3　环向表面裂纹缺陷修复效果研究

为验证玻璃纤维复合材料的修复补强效果,本节进行了玻璃纤维增强复合材料(GFRP)修复后的含环向表面裂纹缺陷 X42 钢管道静水压及弯矩加载试验。

1. 修复管体及缺陷信息

本次静水压及弯矩加载试验管件的材质为长 6m、外径 219mm、壁厚 6mm 的 API X42 钢制油气管件。由于玻璃纤维增强复合材料尺寸参数与缺陷直接相关,本试验仅在管道长度方向正中央的环焊缝焊趾位置,采用金属线切割方法,预制了一条深 3mm(深厚比 50%)、宽 0.2mm 的环向表面裂纹。

实际修复宽度计算时,施工单位考虑到管道壁厚的不均匀性和人工施工导致的产品性能波动,在计算玻璃纤维复合材料修复补强层尺寸参数时,为保证修复性能可靠,将缺陷深度 d 取 4mm,管材剩余深度 t_p 取 2mm,复材与钢黏结剪切强度 σ_c 取 8MPa,其余参数不变。因此,实际修复层数 n 为 9,实际修复总宽度 W 为 417mm。

2. 试验测点布置与试验方案

本次试验主要测点位置如图 4-26 所示。其中,测点 1 布置在裂纹左侧、裂纹长度方向中央位置;测点 2 作为 GFRP 补强层内的管体表面参考点,布置于裂纹与 GFRP 修复层边缘之间的管体表面;测点 3 和测点 5 与管道预制裂纹处于同一管道轴向位置,在管道环向方向上与裂纹分别相距 90°和 180°。

测点 4 和测点 6 为 GFRP 补强层内的管体 90°侧面和 180°顶面参考点,位于环焊缝右侧,环焊缝与复材层边缘中间的管体表面;测点 7、8、9 为管体表面、GFRP 补强层外的参考点,分别位于管体底面、90°侧面和 180°顶面。GFRP 修复层外表面共布置 3 个测试位置,如图 4-26 所示,测点 10、11、12 分别与管体表面测点 1、3、5 对应。

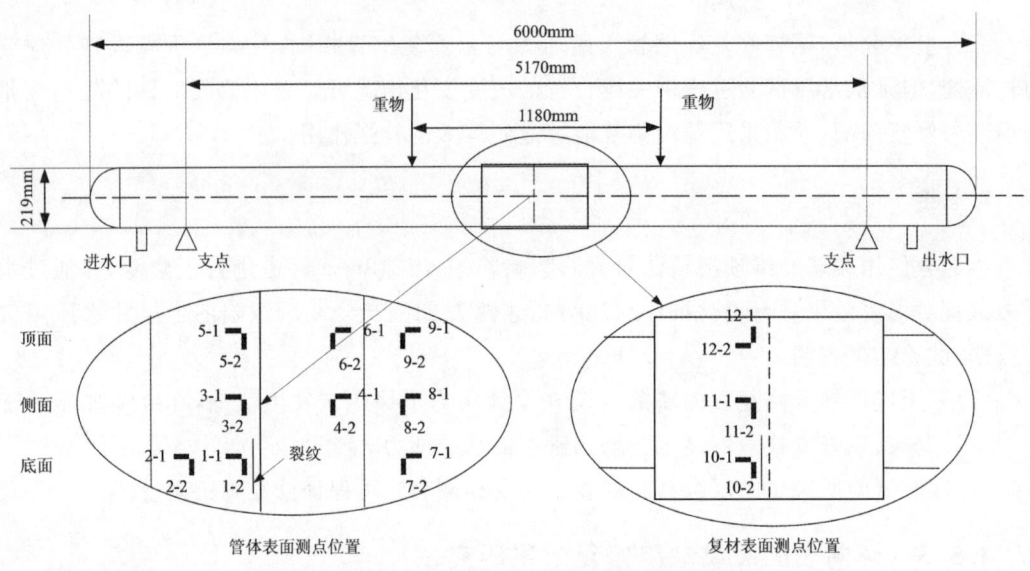

图 4-26 试验管件的主要参数及测点布置

本次试验加载方式采用"四点弯曲试验"方法,两重物悬挂点相距 1180mm,管道两支点间距 5170mm。试验过程中,每次对管道悬挂两重量近似相等的重物(重量可由直视吊秤读取),并在此状态下,通过数控液压系统将管道内压由 0 逐级提升至最大压力 13MPa,并采集各个测点在各整数内压下的应变数据。在管道内压达到 13MPa 后,维持最高压力一定时间,然后将管道内压恢复至 0,并提升悬挂重物重量,重复上一过程,直至管道失效或达到试验允许最大弯矩。

由于内压、轴向拉应力和弯矩 3 个变量同时存在,极大地增加了数据分析与表述难度。但内压导致的轴向拉应力与弯矩对裂纹管材的作用具有相似性,为简化分析,通过公式:$\sigma_{轴} = M \times y / I_z$($M$ 为弯矩;y 为管道外半径;I_z 为管道截面惯性矩),将内压导致的轴向拉应力等效换算为弯矩,并与管道纯弯曲管段实际弯矩叠加为"等效弯矩"。因此,在数据处理时采用"等效弯矩"来替代实际弯矩与内压导致的管道轴向拉伸载荷。

3. 试验结果分析

图 4-27、图 4-28 分别为管道内压 0 时裂纹侧面中部管材轴向应变随"等效弯矩"变化曲线和管道内压 13MPa 时裂纹侧面中部管材轴向应变随"等效弯矩"变化曲线。

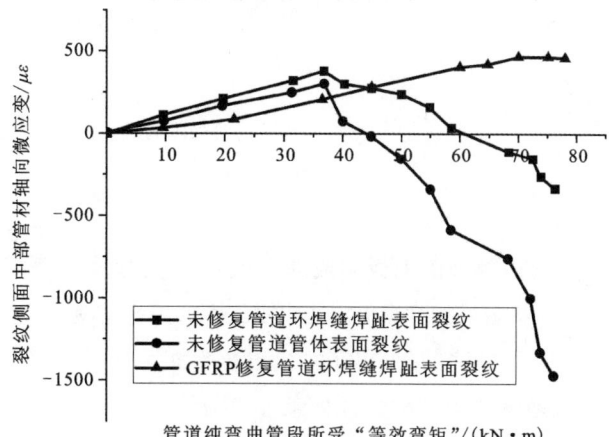

图 4-27 内压 0 时裂纹侧面中部管材轴向应变随"等效弯矩"变化情况

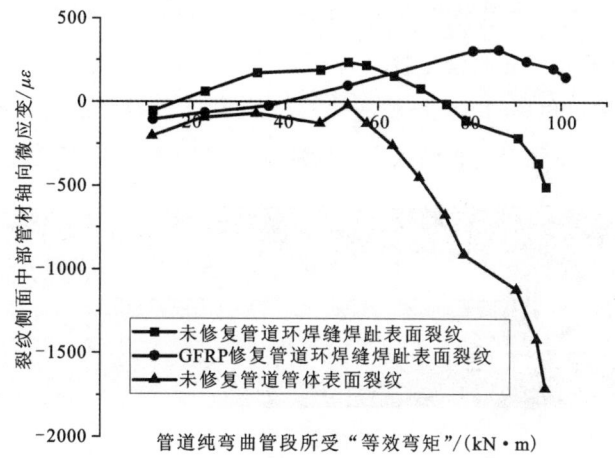

图 4-28 内压 13MPa 时裂纹侧面中部管材轴向应变随"等效弯矩"变化情况

由图 4-27 可知,当管道内压为 0 时,两未修复表面裂纹曲线均在管道承受约 36.5kN·m 的"等效弯矩"时开始出现转折,裂纹侧面中部管材轴向应变呈现负向变化趋势。并且在纯弯曲管段"等效弯矩"达 45kN·m 后开始进入负值。环焊缝焊趾表面裂纹侧面中部管材轴向应变在纯弯曲管段"等效弯矩"达 61kN·m 后开始进入负值,并在此后单调负向变化。对于 GFRP 修复后的环焊缝焊趾表面裂纹,曲线在纯弯曲管段"等效弯矩"达 72.5kN·m 时出现轻微转折迹象,但数值上无明显降低。在整个试验过程中,其侧面中部管体轴向应变基本随外加弯矩正向线性变化。如图 4-28 所示,上述规律在管道内压为 13MPa 时仍然存在,并且趋势相同。通过上述分析可知,GFRP 修复技术对含环向表面裂纹缺陷的油气管道具有较好的修复效果。

5 B型套筒修复技术

5.1 概 述

B型套筒修复技术是利用两个由钢板制成的半圆柱外壳覆盖在管体缺陷外,通过侧缝焊接连接在一起,并在套筒的末端采用角焊的方式固定在管道上。套筒可保持管道内压,也能承受因管道受到侧向载荷而产生的轴向应力。根据《油气管道管体缺陷修复技术规范》(SY/T 6649—2018)及《埋地钢质管道管体缺陷修复指南》(GB/T 36701—2018)等相关规范,B型套筒作为永久性修复方式,适用于包括泄漏及环向缺陷在内的多种管体和环焊缝缺陷修复,是国内外目前唯一公认可修复环焊缝的修复手段。

B型套筒是国外比较成熟的修复技术,在国内没有现成的工作经验可借鉴。我国首次在西二线枣阳支线运用了B型套筒修复技术,西北石油管道公司也完成了室内的管道修复测试试验。B型套筒的端部以角焊的方式与输送管相连,可用于代替环形缺陷的补强。由于B型套筒承受纵向压力较大,该套筒是一种高致密结构部件,以此来保证其安全性和完整性(图5-1)。

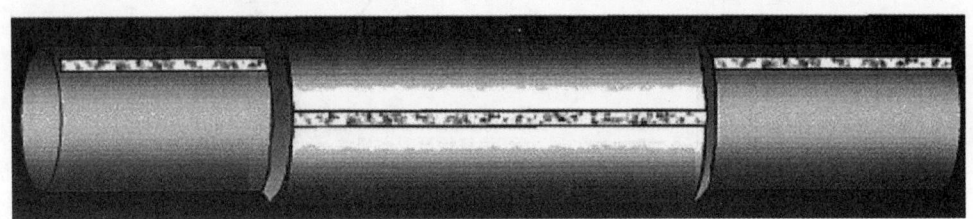

图 5-1 B型套筒修复示意图

长期以来,换管被认为是修复管道缺陷最彻底的方式,随着B型套筒修复技术的发展和进步,其优势与换管相比越发明显:一是在换管施工过程中因旧管道往往存在较大的焊口错位,强力组对难以杜绝,使得被修复的环焊缝除承受介质的正常压力外还需承受额外的安装应力;二是换管修复增加了焊口数量,而环焊缝是整个管道系统的薄弱点和风险点,换一次管相当于给管道系统至少增加一个风险点;三是换管修复的焊口焊缝无法试压,相当于新建管道的"金口",焊口组对间隙、坡口尺寸等参数难以保证,焊接难度大,焊接质量不易保证;四是换管需全线或部分管段停输,对管道下游用户影响较大且影响管输量;五是换管需对至少一个阀室管段内的天然气全部放空,大口径管道换管一次天然气放空量可达百万立方米以上,研究表明天然气引起温室效应的能力是二氧化碳的20倍以上,国家"双碳"目标实施后,天然气排放控制越来越严。B型套筒修复技术的缺点有：施工中待修复管道需要降压，影响管道介质正常运输；动火存在一定的安全隐患；安装难度大，焊接质量对修复效果影响较大；施工中使用大型配套设备，效率较低，修复成本较高。B型套筒可用于管体泄漏、外腐蚀、内腐蚀、金属损失、电弧烧伤、夹渣、凹坑、硬点、裂纹、焊缝缺陷、皱弯、砂眼和氢致裂纹的缺陷。

5.2 材料要求

关于B型套筒使用的材质，国外油气管道修复手册建议采用与管材等强度的材料；国内新发布的行业标准《油气管道缺陷修复用B型套筒》(SY/T 7666—2022)也建议采用与待修复管道的钢级相同或相近的材料。

目前国内普遍采用的B型套筒主要是Q345R低强度的压力容器材料。国家管网集团公司前期开展过X65、X70钢级的B型套筒的研究，并开展了少量的现场应用。然而对于X60以上的套筒材质，国家管网目前尚无统一标准，仅SY/T 7666—2022对X70及以下级别的B型套筒材质的理化性能进行了详细的规定。国内其他常用的修复标准重点关注于B型套筒的施焊压力确定。

5.3 结构设计

2022年，国内发布了新的B型套筒行业标准SY/T 7666—2022，其中对套筒的厚度和长度进行了相关的规定。

套筒的最小壁厚为

$$T_s \geqslant \frac{\sigma_{sp}}{\sigma_{ss}} \times T_p + H_1 + H_2 \tag{5-1}$$

式中：T_s为套筒壁厚，mm；σ_{sp}为钢管规定的最小屈服强度，MPa；σ_{ss}为套筒规定的最小屈服强度，MPa；T_p为管道壁厚，mm；H_1为套筒内壁凹槽深度，mm；H_2为加工补充厚度，mm。

一般，$3.5\text{mm} \leqslant H_1 + H_2 \leqslant 6\text{mm}$。

在套筒的长度满足最小不低于150mm的前提下，对于环焊缝缺陷修复，其长度应满足：

$$L_s \geqslant 2 \times [4T_p + 4 \times (1.4T_p + G)] \tag{5-2}$$

对于管道本体缺陷修复，其长度应满足：

$$L_s \geqslant 2 \times [l/2 + 4 \times (1.4T_p + G)] \tag{5-3}$$

式中：L_s为套筒长度，mm；G为套筒与管道之间的径向安装间隙，mm，宜取3mm；l为缺陷轴向长度或钢管本体焊缝缺陷轴向长度，mm。

此外，多个标准也规定套筒长度应确保被修复缺陷边缘距离套筒最近端角焊缝不小于50mm，且长度应满足相邻套筒角焊缝间距不低于管道外径的一半。

5.4 施工流程

B型套筒修复技术是一项较成熟的管体缺陷修复技术。目前,国际上很多先进的管道公司都有对应的施工技术标准,其中被广泛采用的标准有 *Repair of Pressure Equipment and Piping*(ASME-PCC-2—2018)、*Pipeline Repair Manual*(PRCI-PR—186-0324)。套筒的具体施工程序见图5-2。

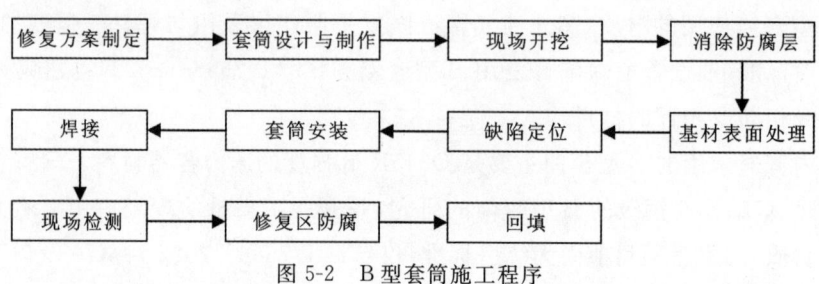

图 5-2 B型套筒施工程序

1. 修复方案制定

收集待修复管道信息,确定缺陷类型为B型套筒修复技术可修复缺陷类型。根据缺陷信息,推荐采用《钢质管道管体腐蚀损伤评价方法》(SY/T6151—2009)的相关剩余强度计算方法及供应商提供产品使用说明,制定B型套筒补强方案。建议套筒长度超出缺陷轴向长度300mm。B型套筒适用修复的缺陷类型见表5-1。

表 5-1 B型套筒修复技术适用缺陷类型

缺陷类型	B型套筒
泄漏或深度≥0.8t的缺陷	是
腐蚀深度<0.125t的蚀坑	是
0.125t≤腐蚀深度<0.8t的蚀坑	是
腐蚀深度≥0.8t的蚀坑	是
焊缝局部腐蚀	永久修复
内部缺陷或腐蚀	是
管体凿槽或其他金属损失	永久修复
碳弧烧伤、夹渣或分层	是
平滑凹坑	是
螺旋焊缝或管体上带应力集中缺陷的凹坑	是
环焊缝上带应力集中缺陷的凹坑	是
浅裂纹(深度<0.4t)	永久修复

续表 5-1

缺陷类型	B 型套筒
深裂纹(0.4t<深度<0.8t)	永久修复
螺旋焊缝体积型缺陷	是
螺旋焊缝线形缺陷	是
螺旋焊缝上或附近缺陷	永久修复
环焊缝缺陷	是
皱褶弯头、屈曲或管接头	永久修复
起泡	是

注：表中 t 为管道壁厚。

2. 套筒设计与制作

B 型套筒的典型结构包括两个半扇圆筒或管道或两个合适的曲板。B 型套筒的厚度大于或等于修复管道的壁厚，管套的材料等级要与输送管道的相同。如有工程设计要求，套筒可采用承压能力等同于管道强度的厚度。B 型管套必须按与输送管道相同的标准进行设计。计算所需壁厚时，径向焊缝连接效率为 0.8，经 100% 超声检测后焊缝连接效率可定为 1。B 型套筒提供轴向加强时，如环焊缝补强，应设计承载轴向和弯曲负荷。套筒应按照能承受管道最大运行压力进行设计。因此，套筒壁厚(t_s)至少大于 t_n。其计算公式为

$$t_n = \frac{pD}{2F(\text{SMYS}_s)} \tag{5-4}$$

式中：p 为管道最大允许压力，MPa；D 为管道外径和套筒内径，mm；SMYS_s 为套筒材料的规定最小屈服强度；F 为设计因子；t_n 为管道设计标准规定的管道壁厚，mm。

施工规范中的压力设计计算适用于套筒的壁厚计算。套筒材质和设计允许压力应遵守施工规范。腐蚀考虑应与工程设计一致。

B 型套筒的环向长度略大于或等于待修复管道外径。通常在套筒设计过程中忽视这一点会略微降低设计安全性。如果需要从套管上移除一些材料，那么套筒的厚度应该大于运行管道的厚度，增加的厚度应该根据补偿去掉的材料量来定。

套筒按外形可分为圆形套筒、凸式套筒和凹槽式套筒。

圆形套筒用于修复表面平滑无焊缝管道，也可用于修复焊缝事先打磨掉的管道。采取打磨方法除去焊缝余高，焊缝处应事先采用 RT 或者 UT 检查，或者降低管道输送压力。

凸式套筒结构如图 5-3 所示，预制突起部分为了过度焊缝的要求，焊接到管道上可承受轴向应力。

凹槽式套筒结构如图 5-4 所示，套筒壁内有凹槽，安装时凹槽罩于焊缝上，其他部分与管体紧密结合。值得注意的是，此类套筒设计壁厚要减去凹槽深度，即同样的条件下，套筒整体厚度要大于上述两类套筒壁厚。修复螺旋焊缝管道，如不打磨掉焊缝余高，建议采用凸式 B 型套筒修复。

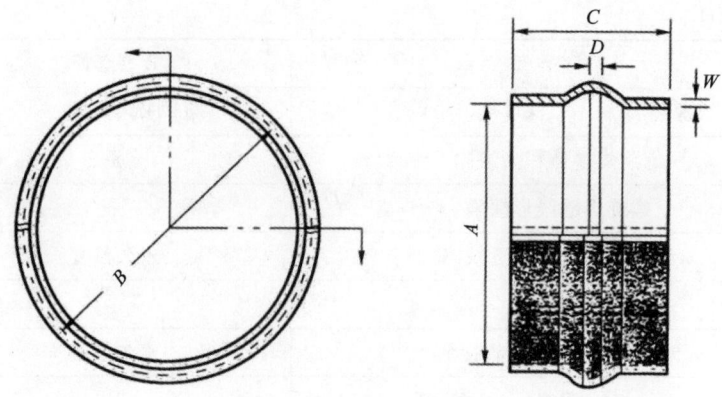

图 5-3 典型的凸式套筒结构

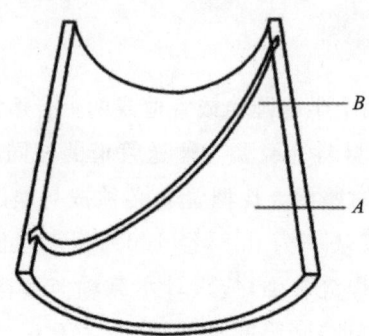

图 5-4 凹槽式套筒结构

3. 现场开挖

待修复缺陷管道轴向方向至少多开挖 500mm,管道两侧至少开挖 650mm,管道下方至少开挖 500mm,以 Φ720mm 管道为例,其开挖剖面示意如图 5-5 所示。

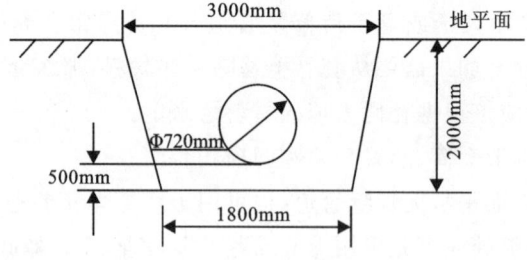

图 5-5 施工开挖剖面示意图

如遇管体出现连续缺陷,需长距离修复,作业坑的开挖长度不得超过《埋地钢质管道外防腐层保温层修复技术规范》(SY/T 5918—2017)中相应的规定,作业时应尽量减少接头数量,建议支撑墩长度与作业坑长度相当。安装长套筒时要考虑如何支撑其附加到管道上的重量。当套筒长度超过 4 倍的管道直径和一个开挖坑内的几个套筒的总长度超过 4 倍的管道直径时,则要制定有关支撑间距、临时的支撑方法(如气袋、沙袋,滑动垫木等)和回填后管道底下的土壤条件的操作指南。

4. 旧防腐层清除及基材表面处理

旧防腐层清除方法可采用溶剂清除、动力工具清除、手工工具清除、水力清除等或几种方法联合。清除后的表面应无明显的旧涂层残留,清除过程中避免损伤管体金属。清除下来的旧防腐层不得现场弃置,应收集并按照环保要求统一处理。

套筒修复过程中采用树脂填充空隙时,管体表面除锈等级要达到 Sa2.5 级,锚纹深度 $50 \sim 75 \mu m$。选用磨料的粒径应适合粗糙度要求,对采用的磨料样品在轧制钢板上($60mm \times 60mm \times 4mm$)试喷,至少测量 5 点,平均锚纹深度应符合要求。喷砂处理后,应采用干燥、清洁的压缩空气吹扫或清洁刷扫去表面浮尘。

套筒修复过程中不用树脂填充空隙的情况下,可选用机械除锈,除锈应达到 St3 标准。

5. 缺陷定位

采用直尺、超声波测厚仪等仪器核查缺陷信息并记录,遇测量结果和内检测结果偏差较大应及时上报。根据确认后的缺陷信息调整修复方案,调整后的修复方案提交业主,审查通过后方可继续施工。

6. 套筒安装与焊接

在利用 B 型套筒修复非泄漏性缺陷或破坏时,p_r(修复压力)不应超过 $0.8p_h$(历史运行最高压力)。在利用 B 型套筒修复泄漏性缺陷时,p_r(修复压力)不应超过下列压力中的最低值:①$0.8p_h$;②30% 最小屈服应力($SMYS_s$);③可以安全地排出或容许泄漏液体时的压力。安装 B 型套筒前,套筒覆盖的管体表面应清理至近白级(Sa2.5)。如果使用填充材料,填充材料应用于所有缺口、深坑、空隙。套筒应紧密地贴近管体。套筒安装时,应使用链条套在套筒下半部上,链条有一定松弛度。在套筒下半部与链条之间应垫上木块,木块应放置在套筒下半部的中心位置。应使用液压千斤顶(10t)顶在链条和木块之间。通过千斤顶拉紧链条,使套筒与管道尽可能地配合紧密。千斤顶应保持拉紧状态,直到套筒侧缝焊接进行到一定程度,不需要千斤顶和链条为止,安装方法如图 5-6 所示。应达到无"缝隙"的安装,然而,缝隙在 2.5mm 以内都是允许的。如果缝隙过大,套筒的焊缝端、焊缝尺寸和焊接方法都需要调整。

使用套筒修复泄漏缺陷时,如果泄漏孔的尺寸和泄漏速度均比较小,可使用一块氯丁橡胶堵住泄漏孔,然后将半个套筒的中心位置压在泄漏区域上。通过加载对泄漏孔进行完全密封,然后进行套筒焊接。

如果使用填充材料,一定要注意确保填充物不要挤到焊接区域。焊接时烧到填充物将会影响焊接质量。焊接套筒后泵入填充物可以避免这个问题,要提供足够的空隙以满足填充物流入所有的空隙。

焊接环境出现下列任一情况时,须采取有效防护措施,否则禁止施焊:①气体保护焊时风速大于 2m/s,其他焊接方法时风速大于 8m/s;②大气相对湿度大于 90%;③雨雪环境;④焊接温度低于 $-18°C$。

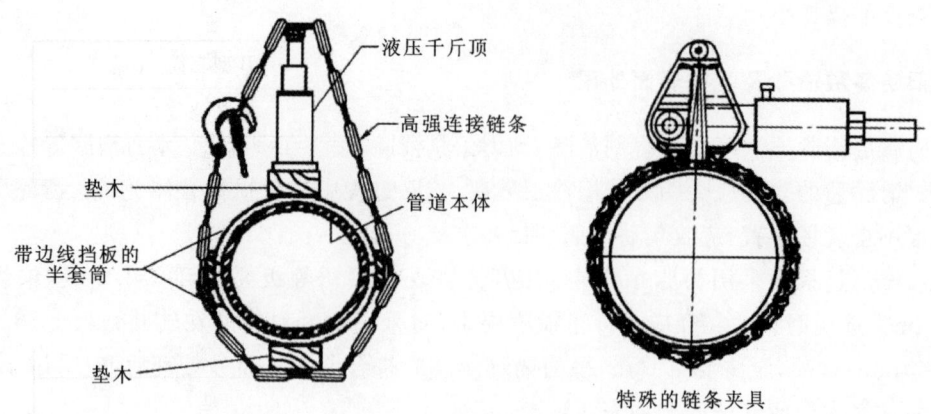

图 5-6 套筒安装方法

当焊件温度为 −18～0℃时，应在始焊处 100mm 范围内预热到 15℃以上。

套筒末端与管道的填角焊接应遵照相应的焊接工艺规程：套筒的角焊完成后，套筒的侧焊应对接完全焊透；焊接中保持通风，直至焊接完成；角焊缝的焊接工艺应当严格地与材料和焊接情况相匹配；确保侧边对接焊缝和无裂缝的末端角焊缝的全穿透；推荐使用低氢焊条，参照 API 1104 中所述的方法进行装配和测试。

7. 现场检测

遵照《钢质管道焊接及验收》（GB/T 31032—2014）和《输油管道工程设计规范》（GB 50253—2003），对角焊缝和侧焊缝进行检测。B 型套筒角焊缝处的管体应事先进行超声测试壁厚、裂纹和可能的迭片结构，确保角焊缝处有足够的壁厚以防止焊穿。侧焊缝处如果不采用支撑金属带，也应采用超声波测试管体情况。焊接过程中，焊缝根部区域应进行外观检查，确保正确的焊透和熔化。侧焊缝或角焊缝焊完后应采用磁粉探伤、染色探伤或超声波技术对焊接进行检测。焊缝的无损检测应在焊接完后 24h 内完成，记录检测结果。

8. 修复区防腐及回填

套筒与管体通过角焊连接为一体需要进行防腐处理，可选用缠带类或环氧类防腐层。值得注意的是，套筒与管体角焊处是防腐的关键，可通过打磨、涂刷底漆等方法保证此处防腐层质量。

防腐层检查合格后的管道应及时回填，在地质较硬地段应将细土、砂、硬土块分开堆放，以利于回填。对于弹性敷设的管段，如果管体有较大变形，回填前在应力释放侧全段用干土草袋垒实加固，防止管道进一步变形。防腐和回填具体规定遵照《埋地钢质管道外防腐层保温层修复技术规范》（SY/T 5918—2017）的要求。

5.5 带压焊接技术

油气管道在服役过程中，由于腐蚀、磨损和意外损伤等原因，会造成管线的局部减薄、损坏甚至发生泄漏事故,如不及时进行维护修复,轻则影响油气产品的输送、供应,重则会造成输送系统的瘫痪甚至起火、爆炸等事故,若发生在下游人口密集处,后果不堪设想。为了确保管线的正常运行,必须对管道减薄或失效的区域进行加固、修复。

传统修复时,需要停止输气、卸除压力、清理残留,然后常规焊接,其修复损耗时间长,存在经济损失和环境污染等问题。带压焊接修复技术可广泛应用于带压开孔安装支管焊接、套管修复焊接和在运行管道上直接堆焊以解决厚度损失和局部机械破坏等问题。带压焊接修复具有不停输、污染小等优点,保持管道运行的连续性,对管道的正常运行影响小,具有巨大的经济效益和社会效益。

B型套筒带压焊接修复技术是油气长输管道缺陷修复最常用的在役焊接修复技术之一。对于在役焊接修复管道来说,要保证管道的安全运行,除了要选择合适的焊接工艺参数之外,管道内的介质压力也是影响焊接质量的一个重要因素。在役焊接过程中如果管道内的介质压力过大,超出了管道的承压能力,焊接过程中就会发生烧穿失稳产生油气的泄漏,严重时甚至会发生爆炸造成巨大的人员伤亡,所以合理地预测管道在役焊接修复过程中所能承受的最大介质压力至关重要。

5.5.1 施焊压力影响因素

目前,在役管道带压施焊主要考虑的失效模式为烧穿、氢致开裂和母材性能劣化,如图 5-7 所示。

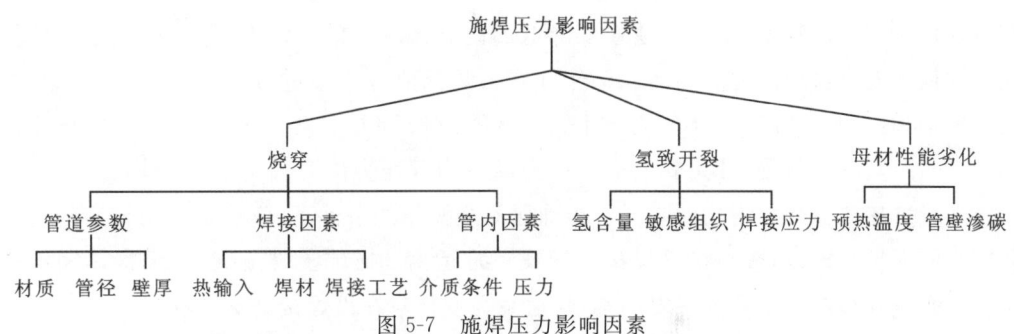

图 5-7 施焊压力影响因素

1. 烧穿

在长输管线上进行在役焊接修复属于带压焊接,管内输送介质不停输。当熔池下方未熔化的金属瞬态剩余强度不能承载管内介质压力,焊接接头就会出现烧穿失稳。烧穿会导致巨大的经济损失和环境破坏,更严重的甚至会导致管道发生爆炸。烧穿的失效机理分直接烧穿和间接烧穿两种情况,如图 5-8 所示。影响烧穿的因素有很多,主要包括壁厚(材质、管径)、焊接因素(热输入、焊材、焊接工艺)、管内因素(介质条件、压力)。

1) 管道壁厚

壁厚是影响烧穿的重要因素,壁厚最早可用来预测管壁烧穿的可能性。国内外对于影响在役焊接烧穿的壁厚范围说法不一致。国外通过大量研究,得出管道内壁温度应低于 982℃

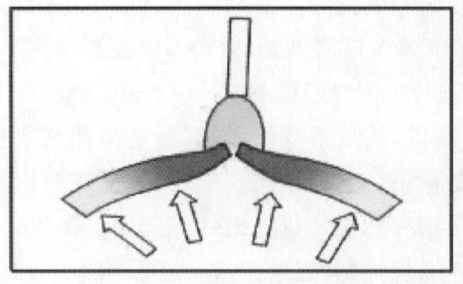 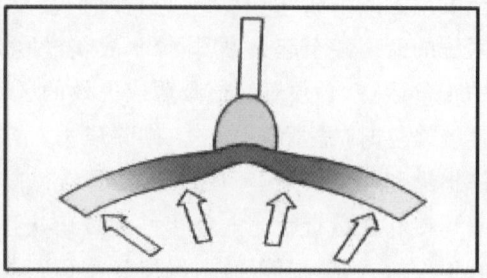

图 5-8 烧穿机理(左:直接烧穿;右:间接烧穿)

以避免烧穿风险,而壁厚高于 6.4mm 时内壁温度难以达到 982℃,因此壁厚高于 6.4mm 的管道不存在烧穿风险。而当管壁厚度小于 6.4mm 时,就需要综合考虑在役焊接的因素烧穿失稳。

国内标准 SY/T6554-2003 参考 API RP 2001 提出,当管道或设备的厚度大于 12.8mm 时,烧穿不是在役焊接的主要问题,此时介质流动对焊接的冷却及烧穿的影响可以不计,而当厚度小于 12.8mm 时,则应注意控制热输入量以防止烧穿。

根据标准溯源工作,常用的安全工作压力的计算规范都存在一定的局限性。除施焊压力公式外,可利用管道的有效剩余壁厚来预测烧穿,即将管道看成有缺陷的管道,将带压焊接时由局部高温引起管壁强度的降低转换成管道的有效剩余壁厚,然后利用相应的管道剩余强度评定准则,预测带压焊接时管道发生烧穿的可能性——剩余强度评价法。

中国石油大学(华东)采用有限元软件 SYSWELD 建立三维有限元模型,对 X70 长输管线在役焊接温度场进行模拟,将管道强度降低的高温区域等效为瞬态"体积型缺陷",计算管线允许的最大安全操作压力从而对长输管线在役焊接烧穿失稳进行判定,其物理模型、焊接接头温度场和体积型缺陷示意图分别如图 5-9~图 5-11 所示。结果表明,在一定的压力范围内,天然气管道在役焊接的最大安全操作压力随着内部压力的升高呈上升趋势;最大安全操作压力随着焊接热输入的增加而降低。在确保安全操作的条件下,应尽量采用较高的运行压力和较小的焊接热输入,减小在役焊接对管线正常运输的影响。管道壁厚、焊接热输入和介质压力是影响在役焊接烧穿的主要因素,管道直径变化对在役焊接烧穿影响较小。

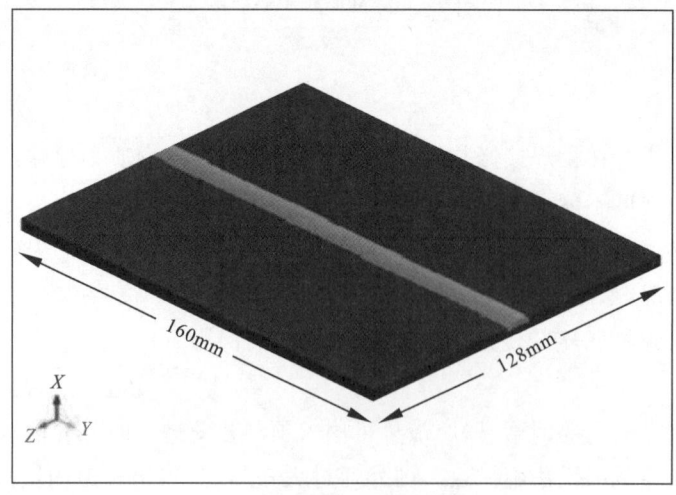

图 5-9 薄板堆焊物理模型及尺寸

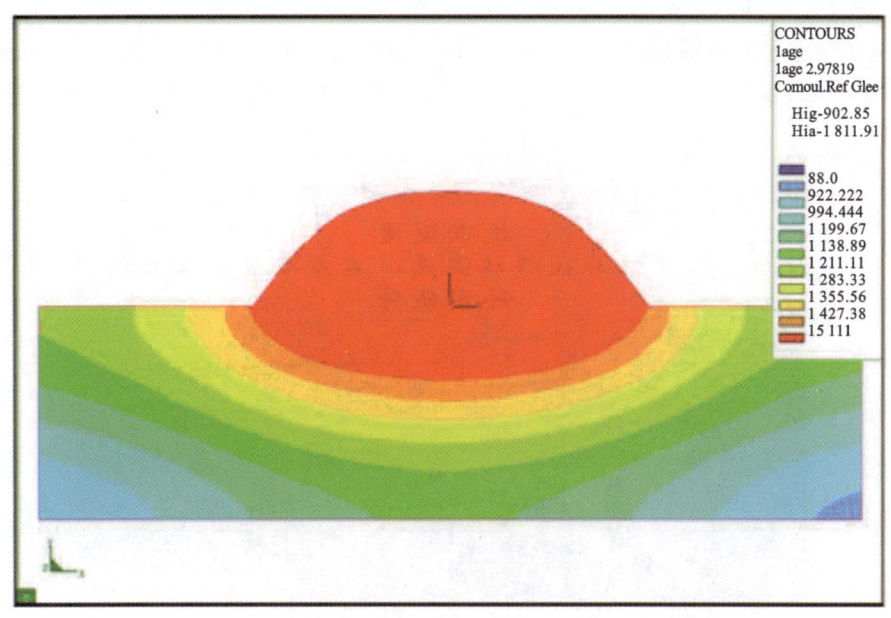

图 5-10　模拟焊接接头横截面(红色区域为熔池,温度高于1500℃)

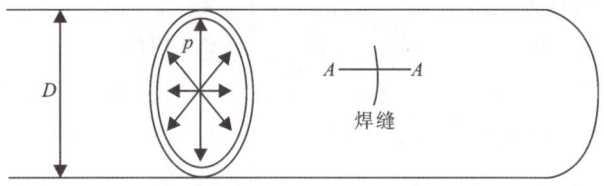

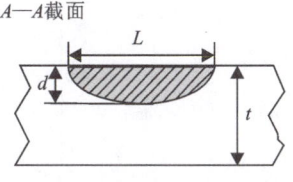

图 5-11　体积型缺陷示意图

从为了避免带压焊接烧穿的角度出发,结合现有的带压焊接修复标准,中国石油天然气管道科学研究院有限公司利用数学模型将熔池等效成常温的一个体积型单个缺陷,再通过单个体积型缺陷的安全压力计算公式得到带压焊接修复安全操作压力,其计算公式为

$$Q = \sqrt{1 + 0.31\left(\frac{L}{\sqrt{Dt}}\right)^2} \tag{5-5}$$

$$p = \gamma_\mathrm{m} \frac{2t \cdot \sigma_\mathrm{s}}{(D-t)} \frac{1 - \gamma_\mathrm{d}(d/t)}{1 - \frac{\gamma_\mathrm{d}(d/t)}{Q}} \tag{5-6}$$

式中:Q 为长度修正因子;p 为失效压力,MPa;t 为壁厚,mm;σ_s 为最小拉伸强度,MPa;d 为等效缺陷深度,mm;L 为等效缺陷长度,mm;D 为管道名义外径,mm;γ_m 为安全等级系数;

γ_d 为缺陷深度系数,取 1.58。

此外,还建立了高钢级(X70～X80)、大口径(D1016～D1422)油气管道带压焊接温度场和应力场数据库,基于数据库开发了油气管道在役焊接温度、应力及安全内压评定软件,如图 5-12 所示。

图 5-12 安全内压评定软件

南京工业大学运用有限元法对不同壁厚的 304 不锈钢管道进行在线焊接时的温度场进行了数值模拟,其分析模型如图 5-13 所示,利用剩余强度评价法预测烧穿可能性。结果表明,RSF(剩余强度因子)随着壁厚的增大而升高(图 5-14),当壁厚增大到一定程度时,在线焊接管道的剩余强度因子增大速度减缓。

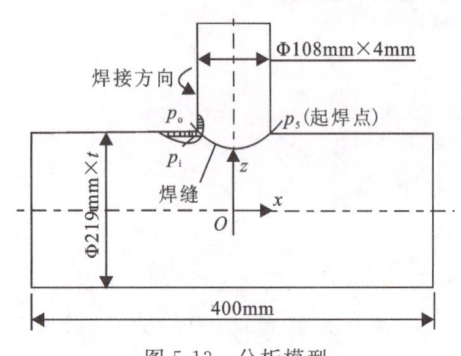

图 5-13 分析模型

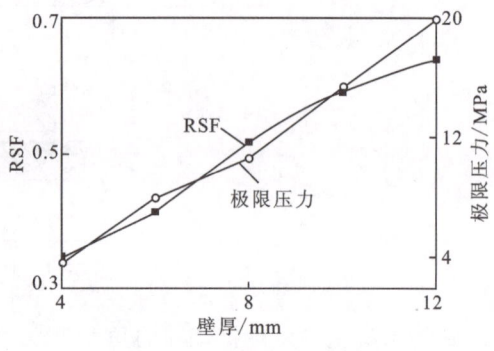

图 5-14 RSF 和极限压力与壁厚的关系

PRCI 的研究表明,焊接在服役管道上的厚度可达 3.2mm,只要精心选择和控制焊接参数,就可以持续和安全地进行,甚至可以在接近 2.8mm 厚的管道上安全地进行在役焊接。如果电极直径限制在 1.6mm,使用焊接电流约 60A。这说明壁厚不是决定烧穿的唯一因素,焊接参数尤其是热输入对管道烧穿的风险也有一定影响。

2)管径

国内外关于管径对在役焊接压力影响的文献较少,管径不是影响施焊压力的主要因素。PRCI 研究了管径(环向应力)对在役焊接烧穿的影响,结果表明,管径(环向应力)对周向焊缝的烧穿风险没有太大影响,如图 5-15 所示。安全上限之间唯一明显的区别是安全上限的斜率随着管径的增加而减小。中国石油大学(华东)采用有限元法和剩余强度评价法研究了X70管道直径对在役焊接烧穿的影响。结果表明,管道直径对管道内壁的峰值温度影响很小,如表5-1所示。随着管道直径的增加,计算得到的最大允许安全操作压力降低,但是降低的幅度较小,如图5-16所示;直径较大的管道进行在役焊接时更容易发生烧穿失稳,但是管道直径对在役焊接烧穿的影响相对较小。

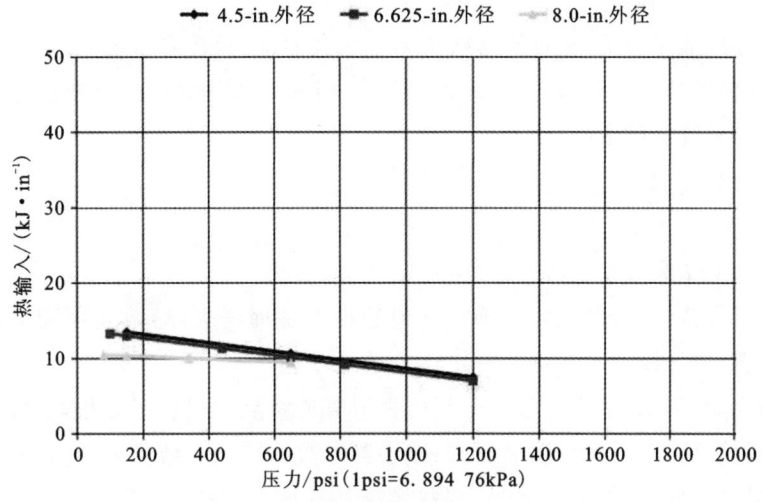

图 5-15 3 种不同管径的周向安全上限

表 5-1 管道直径对内壁峰值温度的影响

管道外径(D)/mm	254	508	660	813	1016
内壁峰值温度(T_{max})/℃	809.68	801.92	795.64	789.32	781.32

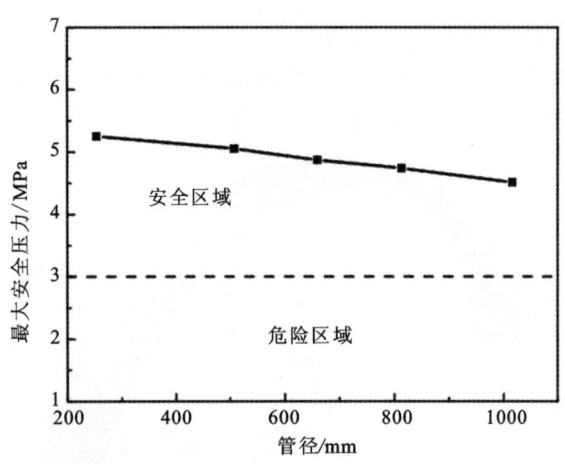

图 5-16 最大安全压力与管道直径的关系

爱迪生焊接研究所(EWI)研究发现,对于环焊缝,压力和壁厚决定了烧穿风险,管道直径似乎没有影响。环焊缝的失效机制始终是烧穿。对于纵向焊缝,管道直径似乎会影响烧穿风险,尽管其影响似乎仅次于压力和壁厚。由于暴露于环向应力的加热材料面积较大,因此管道直径对纵向焊缝的影响较大。此外,结果表明,环向应力的大小直接影响纵向焊缝的失效机制(即烧穿或焊缝中心线裂纹)。

3)焊接因素

根据基于烧穿的施焊压力公式可知,焊接熔深对烧穿的影响非常大,是一个重要参数。随着焊接熔深增加,处于熔化状态的金属比例增加,管壁未熔化区域的温度升高,强度降低,在管内压力作用下,很容易产生塑性变形导致烧穿。

焊接熔深与线能量有关,根据焊接线能量的公式可知,焊接参数(焊接电流、焊接电压、焊接速度)的选择会使焊接线能量发生变化,而且不同的电流、电压、焊接速度选择会使焊缝形貌(如熔池尺寸)呈现不同的变化。

线能量的计算公式为

$$q = UI/v \tag{5-7}$$

式中:U 为电压,V;I 为焊接电流,A;v 为焊接速度,cm/s。

焊接线能量保持恒定,熔池深度随焊接电流的增加而增大,熔池宽度随电压的增加而增大。从总体上看,焊接线能量与熔深成正比关系。

中国石油大学(华东)采用有限元分析软件对管道修复过程进行分析,研究焊接热输入对焊接修复管道温度场、管道内壁温度、径向变形等参数的影响。结果表明,随着焊接热输入增大,焊缝熔池尺寸增大,焊缝熔深增加,焊接温度场温度区域扩大,焊缝冷却速度变慢。焊接热输入越大,管道内壁的峰值温度越高,管道的径向变形越大,管道所能承受的介质压力越小,焊接修复过程中的可焊压力就越小,其结果如图 5-17~图 5-20 所示。

焊条直径的选择与热输入有关。国外普遍认为对于给定的热输入水平,使用小直径的低氢焊条更加安全;SY/T6554—2003 指出,为降低烧穿的可能性,对厚度小于 6.4mm 的设备或管道系统,第一个焊道宜使用 2.4mm 或更小直径的焊条,来限制热输入量。如果金属的厚度不超过 12.8mm,随后的焊道焊接宜使用 3.2mm 或更小的焊条。研究表明,若采用低氢碱性焊条(EXX18-型)和小线能量施焊,将获得较小的熔深。相反,若采用纤维素焊条(EXX10-型)和大线能量施焊,将获得大得多的熔深。

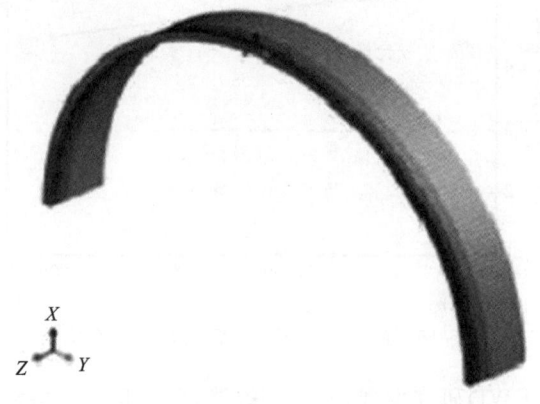

图 5-17 管道在役焊接有限元分析模型

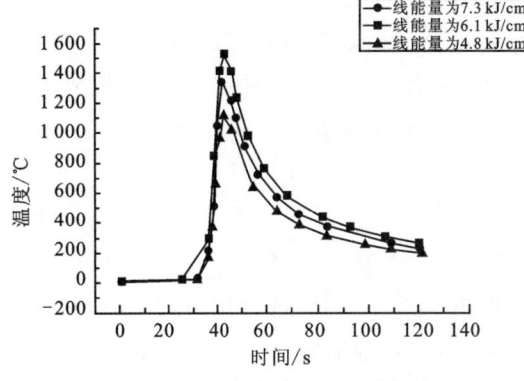
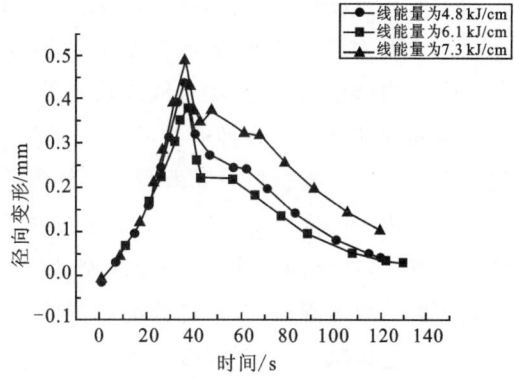

图 5-18 管道内壁的温度随时间变化　　　　图 5-19 管道内壁的径向变形随时间变化

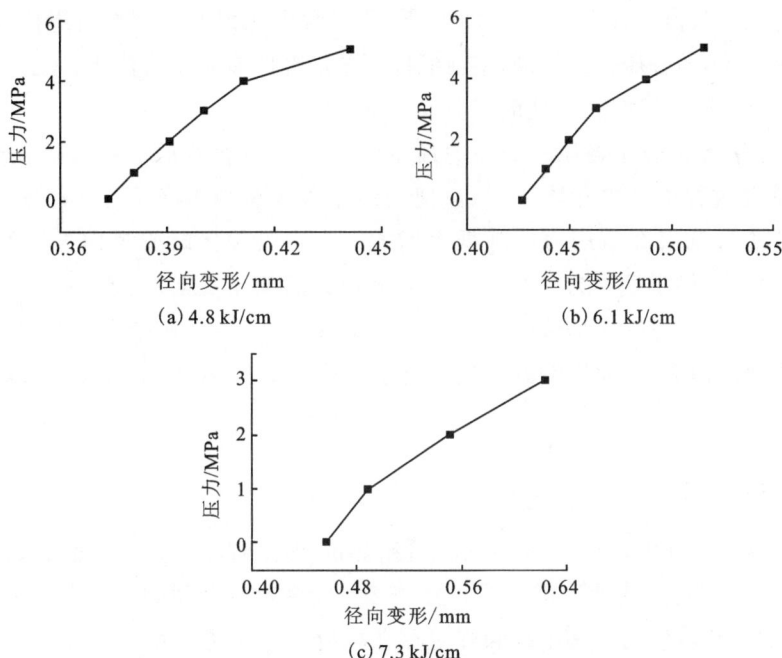

图 5-20 不同热输入时径向变形随时间变化曲线图

4)介质条件

与传统焊接工艺相比,在役焊接工艺输送油气介质不停输。管线运行时,管内介质有流速、温度、压力等特性,均会对管道在役焊接产生影响。而其中影响在役焊接压力的主要因素是介质流速,介质流速不同,管道的允许施焊压力不同,介质流速过快会带走更多焊接时产生的热量,增强了管壁散热,但使焊接接头淬硬倾向增加,容易诱发氢致开裂;而介质流速过慢会造成热量集中,从而引起烧穿。因此,介质流速要合理才能避免在线焊接问题的发生。

薛小龙(2006)运用有限元法对不同介质流速下在线焊接时的温度场进行了数值模拟。研究表明,随着流速的增大,焊缝位置处外壁上的峰值温度无明显变化,而内壁上的峰值温度随之下降;在线焊接管道的剩余强度因子及所能承受的极限压力呈上升趋势,且在一定范围内增大明显,故应充分利用该流速变化范围的特点以确定最佳施工条件。

ASME 对气体管道烧穿开展过研究,研究表明,不会发生烧穿的管壁厚度与气体流速有关。管道内部压力不变,随着气体流速的增加,管道的最小壁厚即安全壁厚减少。国外有学者在含腐蚀缺陷的气体管道上进行外套管修补焊缝的最小壁厚进行了研究,结果表明,允许进行在役焊接的安全壁厚随着管内气体流速的增大而增大。

管道内不同介质对烧穿的影响主要体现在对焊接熔池的冷却能力上。液体的冷却能力要大于气体,在相同条件下,当管内流动的介质为液体时,会带走焊接熔池更多的热量,使管壁内表面的温度降低,因此烧穿的可能性也会相对降低。对于气体,随着压力的减小,管道内气体的流速也减小了,对焊接区的冷却作用大大减弱,避免烧穿所需的最小壁厚反而增大。

5)压力

管内压力是影响在役焊接烧穿的重要因素,管内压力增大会增加管壁的径向变形量。国外学者采用有限元数值模拟方法研究了套管修复过程中压力对套管在役焊接失效问题的影响。数值结果表明,随着压力的增加,熔池底部管壁局部区域发生膨胀塑性变形;当达到临界压力后,径向变形速率迅速增加,此时将会发生烧穿。

另外,国外学者从避免烧穿所需要的最小壁厚这一角度考虑了在役焊接烧穿问题,对气管线套管修复过程中管内介质压力、流速和最小可焊壁厚的关系进行了研究,结果发现避免烧穿最小壁厚随着介质压力的降低而增大。当在役焊接时管道内天然气介质压力为 5.88MPa 时,可焊的最小壁厚为 4.65mm,而当管内天然气介质压力下降到 80%(4.7MPa)和 60%(3.53MPa)时,可焊的最小壁厚分别为 4.8mm 和 5.3mm。该结果只考虑了管内气介质压力变化对流速的影响,从而影响到天然气与管道内壁的换热,但未考虑压力对焊接天然接头的应力作用。

2. 氢致开裂

在役焊接修复过程中,介质流动会带走管壁热量,造成焊后快冷,引起的氢致裂纹现象称为氢致开裂。氢致开裂的控制比烧穿要困难得多。产生氢致开裂的条件有 3 个,即焊缝氢含量、焊缝存在对裂纹敏感的淬硬组织和焊缝存在拉应力。为防止发生氢致开裂,必须至少排除其中一个条件。由于在役焊接过程中焊接应力不可避免,使用低氢焊条和低氢焊接工艺只能降低焊接接头中的氢含量,因此,国内外将防止氢致开裂的研究重点放在防止焊接接头中产生敏感组织和降低焊接热影响区硬度的方法上。

氢致开裂的影响因素有氢含量、敏感组织、焊接应力等。

1)氢含量

氢是引起高强钢焊接冷裂纹的重要因素之一,并且具有延迟的特征。研究表明,高强钢焊接接头的氢含量越高,则裂纹的敏感性越大。在役焊接氢来源于潮湿的药皮、大气或管子表面(冷凝现象)的铁锈,也可由附着在管边的焊接材料表面的有机物产生。即在役焊接焊缝金属的氢含量主要来源于焊材和施工环境两个方面。

早期在役焊接时多采用纤维素焊条,但试验表明,纤维素焊条产生的扩散氢含量高,氢致裂纹敏感性高,易产生氢致裂纹。现在普遍的共识是采用烘干后的低氢焊条和进行在役焊接。PRCI 通过焊接工艺研究建议使用 H4R 低氢焊条（E7018-H4R 等）进行在役焊接，尤其推荐采用小型包装的焊条以避免焊材受潮造成氢含量增加。研究表明，采用烘干后的低氢焊条和低氢焊接工艺也只能在一定程度上降低氢的含量，并不能完全将其消除。因此仍需要其他措施以防止 B 型套筒环角焊缝的氢致开裂。

EWI 通过试验研究了影响在役管道上焊接的氢含量的变量。结果表明，在不利的大气条件下焊接或在连续的氧丙烷加热下焊接时，焊缝中氢含量应该会略有增加。应避免在"出汗"的管道上焊接（即在湿气凝结处焊接）和在雨中焊接。连续氧-乙炔加热焊接或在油漆标记处焊接对焊缝氢含量影响不大。因此，施工时应避免湿气较大的环境，焊接施工前应按焊接工艺规程对焊条进行充分预热，施工过程中保障足够大的热输入量能有效避免角焊缝氢致开裂。

2）敏感组织

焊接接头存在高的拉伸应力和高的硬度组织，如果焊接时焊缝中溶入的氢含量较高，由于随后的快速冷却作用，焊缝中的氢来不及充分扩散，就极易形成氢致开裂。氢致开裂一般发生在应力集中区域，如焊趾或焊缝底部，如图 5-21 所示。

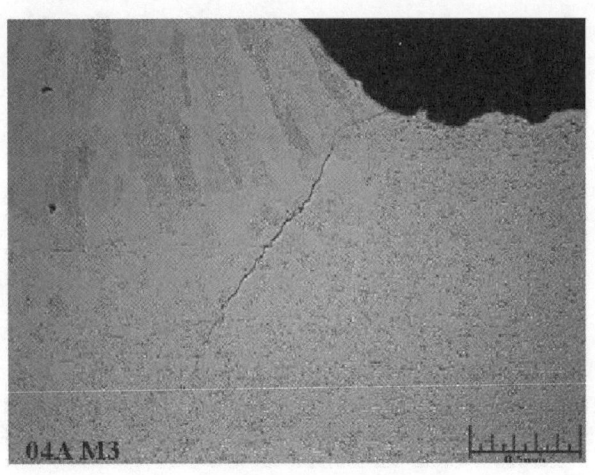

图 5-21　焊趾处氢致裂纹形貌

在役管道焊接过程中较高的冷却速度与碳当量易促进焊缝热影响区产生对氢致裂纹敏感的淬硬性组织，而焊缝的冷却速度由焊接线能量和工作条件决定。

含碳量低的管线，冷却速度慢，一般会得到低碳马氏体或铁素体＋珠光体，这些组织硬度低，淬硬倾向小。只有当冷却速度过快时，才会产生高碳马氏体，此组织淬硬倾向大，是造成氢致开裂的敏感性组织。一般来说，只有热影响区的硬质显微组织对氢裂化敏感。氢和应力始终存在于整个弧焊过程中，因此控制热影响区的硬度水平是避免氢裂纹的有效途径。

中国石油天然气管道科学研究院有限公司（简称中石油管道局研究院）对 20♯管线钢在不同冷却条件和焊接线能量下的 HAZ 组织性能进行了模拟试验研究。结果表明，过快的冷却速度导致粗晶区生成了大量非平衡组织，尤其在热影响区出现较多的贝氏体、马氏体和 M-A 组元等，并使粗晶区的硬度值增大，增加了氢致裂纹敏感性，如表 5-2 所示。而采用大的线能量焊接,能够形成较多的上贝氏体和粒状贝氏体组织,对改善接头性能有利,如图 5-22 和图 5-23 所示。

表 5-2 不同冷却条件下 20# 钢 HAZ 的硬度值

打点位置	空气冷却	静态水冷却	流动水冷却
4	276	292	330
5	230	255	272
6	168	182	174
7	129	126	135
$t_{8/5}$	6.0	5.0	2.0

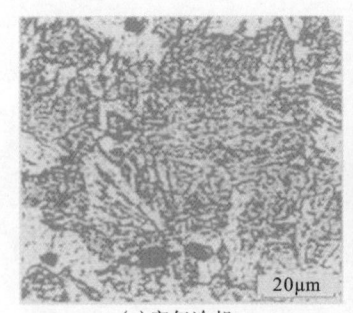

(a) 空气冷却　　(b) 静态水冷却　　(c) 流动水冷却

图 5-22 不同冷却条件下的 HAZ 组织

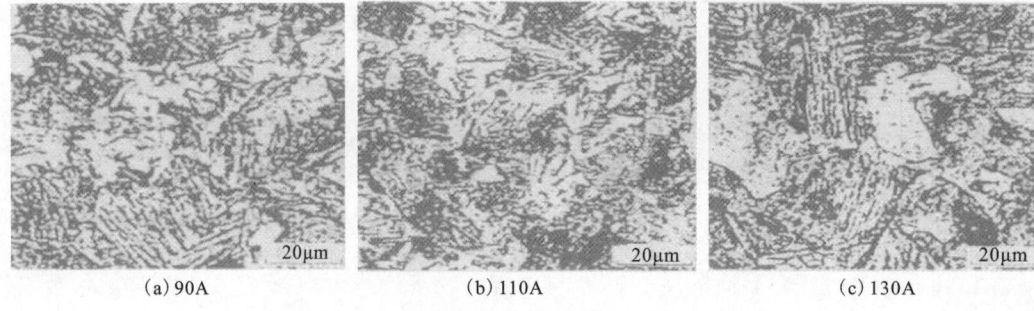

(a) 90A　　(b) 110A　　(c) 130A

图 5-23 不同焊接线能量下的 HAZ 组织

国际上较多采用的是用硬度来判断角焊缝氢致开裂的可能性,Yorioka(1987)结合碳当量和冷却时间提出了热影响区硬度的预测计算算法,该算法已得到普遍应用,公式为

$$HV_{max} = 442C + 99CE_{II} + 206 + (402C - 90CE_{II} + 80)\arctan(x) \tag{5-8}$$

其中,

$$x = \frac{\lg(t_{\frac{8}{5}}) - 2.3CE_I - 1.35E_{III} + 0.882}{1.15CE_I - 0.673CE_{III} - 0.601} \tag{5-9}$$

美国 EWI 研究成果认为热影响区维氏硬度低于 350HV 不存在氢致开裂风险,然而该方法并不准确。根据中石油管道局研究院的研究成果及现场试验检测,在角焊缝硬度低于

350HV时依然存在氢致开裂的风险。国内研究发现,油气介质的换热系数很难达到2000W/(m^2·℃),因而在役焊接修复的氢致开裂风险较小。

在预防敏感组织生成方面,国外对天然气管线的在役焊接过程进行了试验研究,通过焊接熔深来研究纵焊缝和圆周焊缝在不发生烧穿时,管内介质压力和壁厚需要达到的条件。研究表明,采用合理的回火焊道和预热温度高于150℃能改善焊接接头的微观组织结构,降低硬度,从而降低HIC的发生。

3)焊接应力

所有熔焊方法都会存在焊接应力,因此在役焊接时焊接接头处的残余应力是必然产生的。对于高钢级大口径的B型套筒修复结构,环形、大厚壁角焊缝因为拘束度高本身会导致较高的焊后残余应力。中石油管道局研究院对西二线在役焊接的含裂纹B型套筒修复结构进行了残余应力测试,测试方法如图5-24所示。结果显示,环角焊缝处环向应力均明显大于轴向应力,焊缝金属的环向应力最高可达近600MPa,如图5-25所示。而且由于焊缝中有横向裂纹,一部分环向应力已经得到释放,因此实际的环向残余应力会远高于600MPa。同时通过有限元对焊接过程进行模拟,模拟分析结果与试验结果一致,焊缝部位拉应力水平都较高,结果如图5-26所示。

图5-24 盲孔残余应力测试

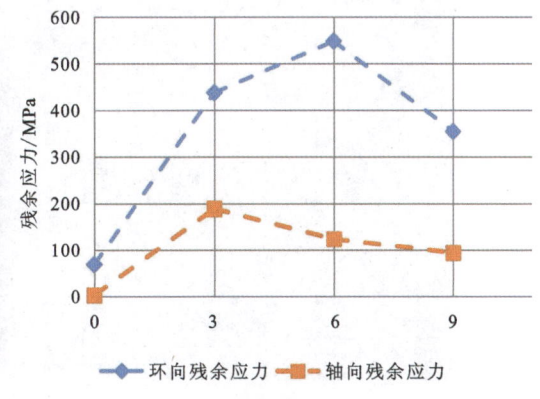

图5-25 轴向和环向残余应力

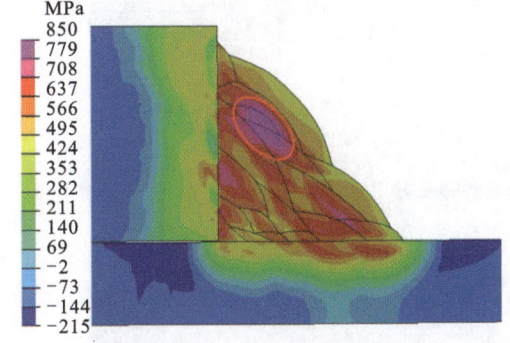

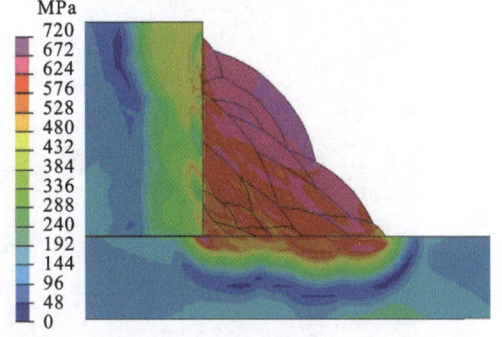

图5-26 Von Mises应力和环向应力云图

另外,对B型套筒角焊缝裂纹处进行了EBSD测试分析。在红色椭圆处的裂纹边缘及拐角处具有明显的黄绿色,说明在开裂之前这些位置发生了较大程度的局部塑性变形。在局部塑性变形较大的位置也能发现由于塑性变形而形成的韧窝形貌,如图 5-27 所示。

国内众多高校及研究机构对在役管道焊接的残余应力开展了数值模拟,分析了热输入量、气体流速、内压等因素对在役焊接残余应力的影响规律。但由于影响残余应力的因素较多,目前仍缺乏较为准确、工程可用的预测方法和无损检测手段。

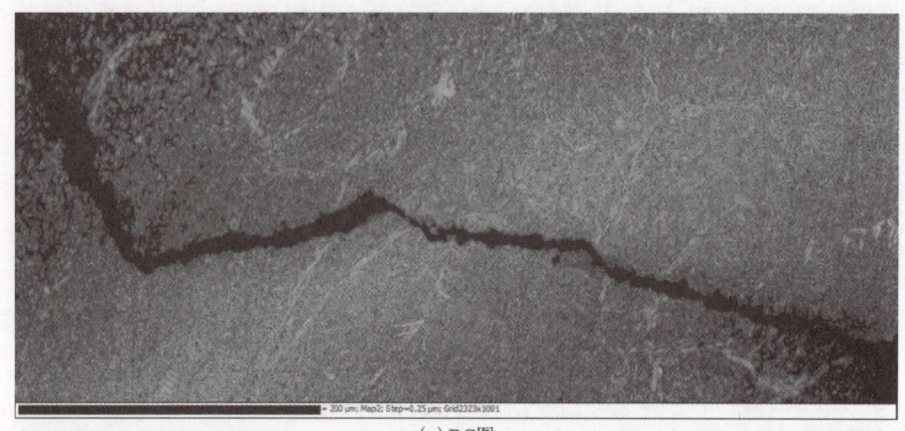

(a) BC图

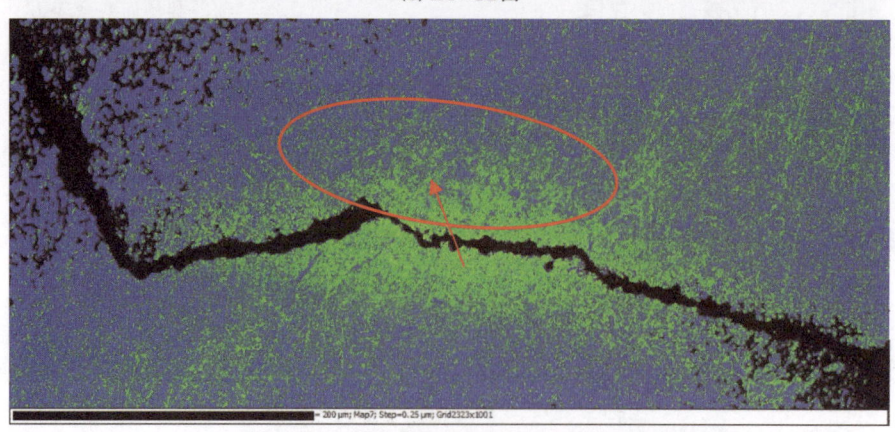

(b) IPF+GB图

(c) KAM图(越亮的位置表示局部塑性变形程度越大)

图 5-27　横向裂纹截面的 EBSD 表征结果

B型套筒和管道在焊接过程产生的残余拉应力会降低材料的力学性能,并且与其他不良因素共同作用易造成补强结构的各种失效。在工程上,对B型套筒角焊缝处通常采用超声冲击的处理方式来降低焊接残余拉应力超声冲击处理是利用超声波振动驱动冲击针高速撞击金属表面,使金属表层产生一定厚度的纳米晶和塑性变形层,将焊缝区域拉伸残余应力转为压应力,提高表面硬度,减小或消除表面微观缺陷。西南交通大学设计多组X80钢材质的"品"字形角焊缝试件,用以模拟补强管道的拉伸、弯曲、低周疲劳工况。采用万能试验机和疲劳试验机,测得超声冲击处理前后试件的最大拉伸力、最大弯曲载荷和拉伸力-循环次数曲线。试验结果表明,超声冲击处理角焊缝,对B型套筒结构的抗拉强度、弯曲强度、疲劳强度基本没有影响,如图5-28所示。

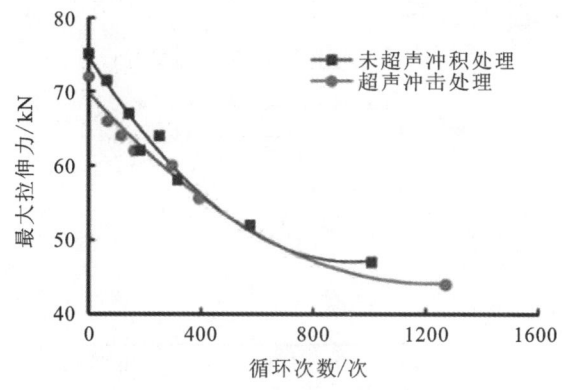

图5-28 超声冲击前后试件的试验数据和拟合曲线

4)预防氢致开裂的方法

除了采用低氢焊条以外,防止在役管道焊缝产生氢致开裂最常用的方法为规定最小热量输入要求等级和(或)采用回火焊道熔敷工序。采用足够高的热量输入等级,可实现合格的焊缝冷却速度和硬度,但是,也会造成焊穿风险。作为一项替代方法,可利用后续焊道回火或多层补焊的后续层回火工艺来最大限度降低HAZ硬度。这种工艺通常被称为回火焊道工艺。

世界各国采用的在役焊接控制措施各不相同,北美广泛在用的在线焊接工艺是测定和规定避免形成对开裂敏感的高硬度组织所需的最小线能量;加拿大普遍规定了一个通用的最高线能量值,采用小直径的焊条(2.4mm)、低焊速(80mm/min)和小的焊条摆动,采用一回火焊道;欧洲通常采用回火焊道工艺控制硬度,经常规定采用一个必要的最小预热温度。

3. 母材性能劣化

1)预热温度

B型套筒在役焊接过程中,受到焊接施工空间限制,加热装置距离焊接处存在一定距离。为使焊接处达到理想的预热温度,实际加热处的温度远大于需要的预热温度。管线钢的热敏感性十分强烈,当预热温度超过一定温度后,管材的韧性和强度会发生降低,产生母材劣化,影响在役焊接的安全性。

《PRCI管道修复手册》中基于欧洲早期建造的一些管道工程用材料再热研究成果发现,

加热温度高于315℃,其屈服强度会明显下降,为了防止管道现场修复作业导致钢管材料失强,将此温度作为管道再加热推荐临界温度。同时有研究表明,在役焊接修复管线钢时,管道内壁的最高温度在280~600℃之间,因此,管壁会受到温度影响,导致母材性能劣化。

国内关于温度对管线钢性能影响规律的研究多集中于800℃以上,然而在役焊接过程中的预热温度往往低于600℃。有学者在25~600℃温度区间内进行了高温拉伸试验和热处理试验,研究再加热温度对高强度管线钢强度的影响。结果表明,X80钢级管线钢管在最高加热温度不超过400℃的条件下,管体强度不会明显降低,如图5-29和图5-30所示。在不高于此加热温度下可安全进行B型套筒不停输施焊作业;在加热温度高于700℃下,管材性能下降,需对管道运行承载能力进行评估。

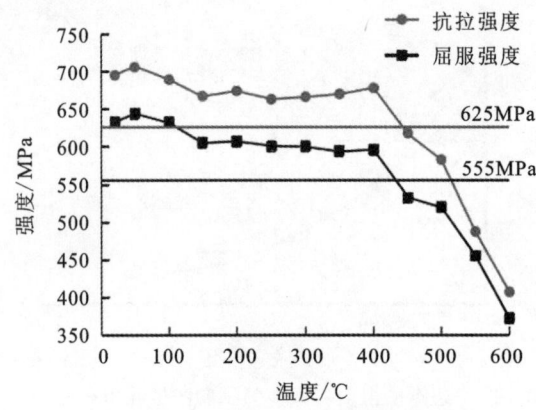

图5-29 高温下材料拉伸性能变化

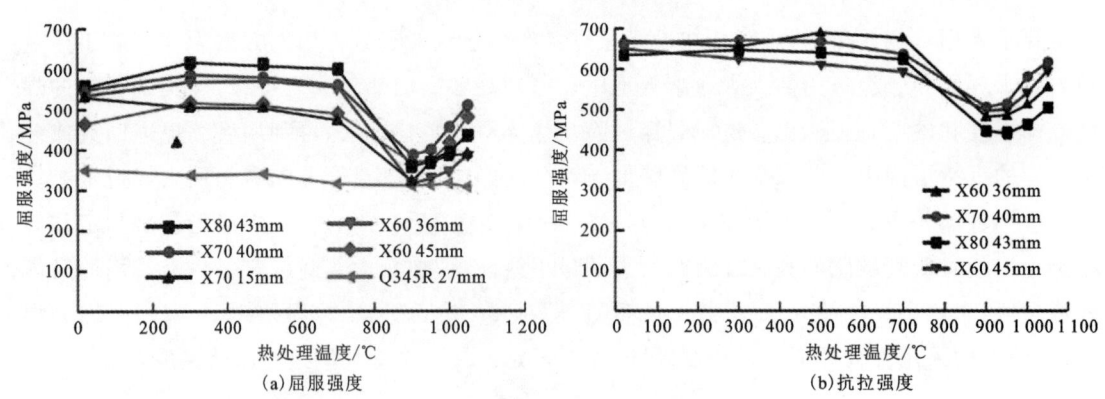

图5-30 再加热后材料拉伸性能变化

2)管壁渗碳

在役管道焊接管壁内/外部处于高温、高压条件,碳氢化合物中的碳分子在压力、温度梯度驱动下向管壁扩散,在管壁处沉淀为渗碳层。在管道介质高速流动和散热作用下,渗碳层容易相变为马氏体或铁素体淬硬组织。研究表明,如果焊接中局部位置温度超过1150℃,则形成共晶组织,存在焊接热应力时衍生热裂纹。

5.5.2 施焊压力控制

1. 在烧穿方面

通过试验得出,管内壁温度准则未考虑管内压力的影响,单纯采用内表面温度来预测烧穿是不够准确的。可将在役焊接模拟试验和数值模拟相结合,在提升焊接质量和安全焊接方面进行热模拟试验。

2. 在氢致开裂方面

在确保不发生烧穿的基础上考虑热输入对焊接接头冷却速度和组织性能的影响,以获得可靠焊接接头的最小热输入。氢致开裂的判定准则是热影响区的最高硬度不超过350HV;可通过测试管道内流动介质带走管壁热量的能力来间接评价焊接接头的冷却速度。采用低氢焊条进行在役焊接可降低氢致裂纹的敏感性。

3. 在焊接工艺方面

需要考虑的因素有焊前预热、层间温度控制、焊接顺序等,焊前预热有助于预防氢致裂纹的产生,层间温度与预热温度相关,合理安排好焊接顺序可降低焊接残余应力,保证焊接质量。

6 修复技术工程应用实例

6.1 钢质环氧套筒修复应用实例

6.1.1 西一线盐池—靖边检测段管道钢质环氧套筒修复施工案例

1. 概述

本施工案例为西一线盐池—靖边检测段 6 886.64m 缺陷点开挖检测评价及修复补强作业。该点位于西气东输一线盐池—靖边段,地处盐池县,开挖点位于风电场,地势平坦,北侧临近公路,南侧并行西气东输二线。管道材质为 API 5L X70 钢,管线直径及壁厚为 $\Phi1016mm\times14.6mm$,设计压力 10MPa。

2. 缺陷点情况

该检测点缺陷为外部金属损失,位于钟点位 7:59 处(流向顺时针),缺陷轴向长 400mm,环向长 350mm,深度 6.00mm(41.1%t)(图 6-1)。

图 6-1 金属损失缺陷缺陷区域

3. 施工方案与步骤

1) 土方开挖

(1) 开挖点放样:确定开挖点位置,对开挖点的长度及宽度,考虑放坡距离;必须遵循先测量放线、后开挖的实施方法,保证管道修复施工得以实施。

(2) 开挖点支护:开挖点如果土质松散,存在滑坡的现象危及管道修复施工人员安全、影响施工质量时,必须采取开挖坑支护的措施,管道开挖坑支护措施按有关管道施工作业规范实施。

(3) 同沟敷设光缆保护:由于管道同沟敷设光缆关系到管道运行数据传输,涉及管道安全运行,在管道开挖现场,必须对光缆采取有效保护措施,采取光缆现场架设支撑架及光缆桥架、现场专人看护措施,保证光缆不受损坏。

(4) 开挖坑参数:管道埋深一般不小于1.5m,为便于环氧套筒安装施工,开挖点管道底部留有0.5m深的作业空间,两边的作业距离均为0.9m,管道轴向坑底长度不小于2.2m,管道作业坑根据土壤类别两边和轴向选择放坡,放坡按开挖安全要求进行放坡开挖作业(图6-2)。

图6-2 土方开挖

施工气候及环境条件:为减少施工环境对管道修复施工质量的影响,管道修复施工对施工环境有一定的要求,避免在雨天、风沙天环境下施工,避免冬季气温在-5℃以下、夏季湿度在85%以上施工。

按施工记录表格,记录管道缺陷信息,记录数码资料、文字资料等。

2) 防腐层剥离及表面预处理

(1) 防腐层剥离区域:根据管道缺陷位置(外腐蚀点)将待补强处的钢管表面处理区域划分,采用人工剥离的方法除去管道表面防腐层,3层PE采用专用的手动剥离工具。清除后的表面应无明显的旧涂层残留,清除过程中避免损伤管体金属。清除下来的旧防腐层不得现场弃置,应收集并按照环保要求统一处理。

(2)除锈:采用砂轮机打磨的方法去除钢管表面3层PE防腐层残留物(聚乙烯、胶粘剂、环氧粉末底层),表面处理长度要至少超出修复两端各100mm。管体表面处理推荐使用喷砂除锈方法,无法使用喷砂除锈方法时,可采用机械除锈方法进行处理。机械除锈时缺陷点采取保护措施,避免砂轮直接作用在缺陷部位。采用电动锚纹机将管体表面进行打毛处理。除锈等级必须达到Sa2.5级或St3级,锚纹深度40~90μm,洁净度达到2级以上。管道表面预处理执行标准为《涂装前钢材表面锈蚀等级和除锈等级》(GB/T 8923—1988)。

在施工机械难以到达施工位置时,经甲方许可,可以采取手动研磨的方法磨掉附着在钢管表面的防腐层附着物,手工除锈等级必须要达到St3级。

(3)除锈结果检测。

a.除锈效果:目视对比,采用标准样块进行比对,达到Sa2.5级或St3级的除锈等级为合格。

b.锚纹深度检测:锚纹深度计或锚纹拓印纸,对管道表面进行测试,锚纹深度在40~90μm之间的为合格。

c.表面洁净度检测:胶带纸粘贴,与标准样图比对,达到2级以上为合格。

(4)端口修磨:采用人工打磨的方法进行管道防腐层与剥离区域端口修磨,修磨角度为30°;补强区域端口防腐层补口处沿环向修出坡口,为最后的环氧套筒防腐工序作准备。

(5)基层处理:由于管道除锈后暴露在露天环境内,管道表面除锈后必须在2h内进行修复施工,否则,需重新除锈,避免钢管表面与大气接触重新氧化。采用溶剂或专用清洗剂清洗钢管表面,通过溶剂挥发作用于干燥钢管表面。接近露点温度时金属管道容易结露,采用溶剂或专用清洗剂清洗钢管表面后应快速进行后一道工序,以保证施工质量。

管体表面处理现场作业如图6-3所示。

图6-3 管体表面处理

3) 钢管表面的缺陷修补

(1) 根据缺陷类型,配制适量填平腻子。配制过程中按产品说明书中规定比例将树脂、固化剂称量准确后放入容器内,用搅拌器搅拌 2~3min,确保树脂与填料充分混合后方可使用。

(2) 用填平腻子将管道表面凹陷部位(蜂窝、麻面、小孔等)修补至平整、凸出部位(焊缝、金属凸起)修补至平滑过渡。

(3) 应对填充后的修复区域进行修磨。修复区不应有尖锐的几何形状改变,表面棱角应打磨成圆弧半径不小于 25mm 的圆角。在完成以上加工后,应将基板清理洁净,并保持干燥。

图 6-4 缺陷填充

4) 安装前钢质套筒内表面除锈

钢质套筒工厂制造期间内外表面采用喷砂除锈的方式进行表面预处理(图 6-5)。除锈效果达到 Sa2.5 级,洁净度达到 2 级以上。钢质套筒表面预处理执行标准为《涂装前钢材表面锈蚀等级和除锈等级》(GB/T 8923—1988)。现场施工时如钢质套筒表面出现锈蚀,应采用手工除锈对钢质套筒进行重新除锈(图 6-5)。

5) 钢质套筒安装

(1) 套筒安装:将管道钢质套筒下半部分套在管体上,转动套筒将其转到下方,再将管道钢质套筒上半部分套在管体上(图 6-6)。

(2) 法兰安装:将两片高压矩形法兰密封垫放在套筒中间,安装前检查矩形法兰密封垫不得受损,否则更换新的矩形法兰垫片。

(3) 紧固件安装:将高强螺栓准确安装在法兰上。

(4) 紧固:采用力矩扳手,现场采用力矩扳手检查紧固预紧力。

(5) 环缝隙调整:用定位调整螺栓调整套筒环型缝隙,使套筒圆周环缝隙均匀。

(6) 套筒内部清理:用压缩空气或电吹风机将夹具环型缝隙内的杂物吹扫干净(图 6-7)。

图 6-5 套筒除锈

图 6-6 套筒安装

图 6-7 套筒内部清理

6)注胶前准备工作

(1)端口密封:将高强快干密封胶涂到环型端口边缘,待干 5~10min,检查端口密封胶的效果情况(图 6-8)。

图 6-8 端口密封

(2)安装排气螺栓:将特制的排气螺钉和沉降管安装在套筒规定的位置上。

(3)沉降管:沉降管为 1000mm 长的空心管,沉降管作用是环氧树脂在固化时有收缩,沉降管可以补充收缩的环氧树脂料防止套筒内存在空隙。

(4)注入管路连接:将环氧树脂注入机(电动液压或气动蠕动泵)放在离注入口较近的位置(根据现场情况,离注入口 1~2m 的地方),出料软管(1~2m 长)管口连接到套管底部注入口,连接好套筒底阀,检查钢壳套管的排气口螺栓和排气管。

(5)冬季施工保温措施。

①环氧树脂加热。

环氧树脂在低温下固化较慢并且流动性差,为加快固化时间和提高流动性,必须采取加热的方式。

环氧树脂加热方式:涂料专用调温电加热保温带。

现场实际操作温度控制范围:25~35℃。

②钢质套筒加热。

钢质套筒在较低温度下,环氧树脂注胶表面浸润性较差、流动较慢,必须采取安全的加热方式。

钢质套筒加热方式:①调温电加热保温毡;②电热风机加热,升温快,操作方便。套筒加热时两种方法均采取(图 6-9)。

现场实际操作温度控制范围:15~35℃。

7)环氧树脂注胶

(1)调胶:分别称量环氧树脂和固化剂,并用搅拌机充分混合搅拌,混合比例按环氧树脂配比规定严格配比。

图 6-9 套筒加热

(2)专用环氧套筒树脂胶注入:用液压泵将环氧树脂注入料缓缓注入套筒内(图 6-10)。

图 6-10 树脂注入

(3)注入排气:保证注入过程的连续性,同时观察排气口,当排气口全部都有环氧树脂流出时,立即停泵,待环氧树脂利用自身重力排空并填充缝隙,3min 后重新注入,要保证排空口有一定的流出量(≥0.1kg),当环氧树脂停止沉降后停止注入,注入完毕。

(4)排气口的高度保证在 200mm(沉降管),以保证环氧树脂的沉降压力,使缝隙填密实。

(5)拆除环氧套筒底阀,拆除连接的注入管路,清洗液压注入泵。

(6)管路清洗:将泵进出料软管管口插入装有溶剂的容器中,启动泵,将溶剂在泵内及进出料软管内循环,防止填料凝结堵塞。清洗后的注入系统可以进行下一个套管的注入施工,每次注入施工前都要排净溶剂。

(7)注入收尾:现场实施 HSE,注入设备离开工作场地,清理工作场地内留下的杂物(包括含有溶剂的棉纱、用过的配料容器等,不得丢弃)。

8)钢质套筒外防腐

(1)修复完成后进行防腐处理,铺设防腐层前去除钢质套筒及紧固螺栓表面铁锈、油脂、水汽、灰尘等杂质。

(2)套筒螺栓防腐:螺栓采用镀锌高强螺栓,在埋地多年后不可避免依然会出现腐蚀现象,影响螺栓的强度;螺栓防腐采用黏弹体,这是一种膏状防腐材料,材料与黏弹体胶带的一致(图 6-11)。

图 6-11 螺栓防腐

(3)黏弹体胶带防腐:将弹体胶带缠绕在套筒上,注意 3 层 PE 防腐层与套筒的结合部位,作防腐封闭处理,黏弹体胶带搭结标示线正好覆盖在搭接处,要保证黏弹体胶带同时黏接防腐层与套筒,管道套筒采用环氧玻璃钢套护套作最后的防腐层。防腐区域与原防腐层的搭接宽度应不少于 50mm(图 6-12)。

(4)环氧玻璃钢保护套:采用玻璃纤维湿法缠绕进行施工。由于管道环氧玻璃钢保护套需要固化时间,在 5℃以上的固化时间为 24h,强度可达到 85% 以上,在涂层未完全固化前避免回填,以免损伤涂层(图 6-13)。

9)涂层检漏

环氧套筒外防腐层用电火花检漏仪检测无漏点,做好检漏记录。

10)修复记录、标记

按格式文件记录修复过程、注入时间、工序时间、注入工艺参数等。采用丝网板将施工时间等在套筒防腐层上做好标记,标记内容为修复时间、补强序号。

图 6-12 黏弹体缠绕

图 6-13 环氧玻璃钢保护套

11) 管沟回填

管沟回填步骤如下：

(1) 补强修复及防腐修复完毕,经现场监理工程师检验合格后,必须采用细土回填方式,人工回填管沟。

(2) 回填过程每隔 300mm 分层回填,尤其是光缆下方,需分层踩实。

(3) 管道下部、两侧及管顶以上 0.5m 内的回填土不得含有碎石、砖块、垃圾等杂物。

(4) 回填过程中严禁将施工垃圾回填到管沟中。

(5) 作业坑回填完毕后,将管堤恢复原貌,清理施工现场。

6.2 纤维复合材料修复应用实例

6.2.1 西一线盐池—靖边检测段管道玻璃纤维补强修复施工案例

1. 概述

本施工案例为西一线盐池—靖边检测段 307.606m 缺陷点开挖检测评价及修复补强作业。该点位盐池县荒地,西侧为乡村公路,地势平坦。该点上游管段为冷弯管,下游管段为螺旋钢管,管道材质均为 API 5L X70 钢,直径及壁厚为 $\Phi1016mm \times 14.6mm$,设计压力 10MPa。

2. 缺陷点情况

该检测点为管体外部金属损失缺陷,位于钟点位 6:38 处(流向顺时针),缺陷长度为 335mm,宽度为 1411mm,深度为 16.4%t。

3. 施工方案与步骤

1)施工前准备

(1)首先按照西气东输相关管理规定编制施工作业方案,由业主负责审批并办理相关入场动土手续,办理水、电、路、讯的使用许可证和相关协议。

(2)与业主沟通,获得施工所需的管道线路图和内检测数据。根据现场情况及缺陷点位置,制定详细的施工作业指导书。

(3)项目部组织相关人员进行项目技术、资料培训及技术交接。

(4)根据项目物资需求,拟定主要物资供货商,准备施工现场所需物资,为工程开工做好前期材料供应。

(5)编制项目部内部物资供应计划和施工计划。

(6)对投入本工程施工的设备机具进行修理及保养,使设备完好率达到100%,并认真组织备品备件,确保设备能够在施工中正常运行。

2)工程施工方案

施工技术方案和施工总平面图如图 6-14 和图 6-15 所示。

3)管沟开挖

(1)开挖作业前,对所有作业人员进行安全教育,让作业人员清楚作业中可能存在风险因素及作业安全要求。

(2)开挖前,明确地下地上设施的方位和走向,防止损伤管道和其他埋地设施。

(3)根据施工方案和现场情况,确定不同作业坑的开挖顺序。

(4)根据站场管理人员的要求,依据管道内检测开挖单定位开挖点。本项目采用里程桩定位和人工检尺方法确定开挖点。初步确定地理位置后,采用管道定位仪在地面探测管道的具体位置。

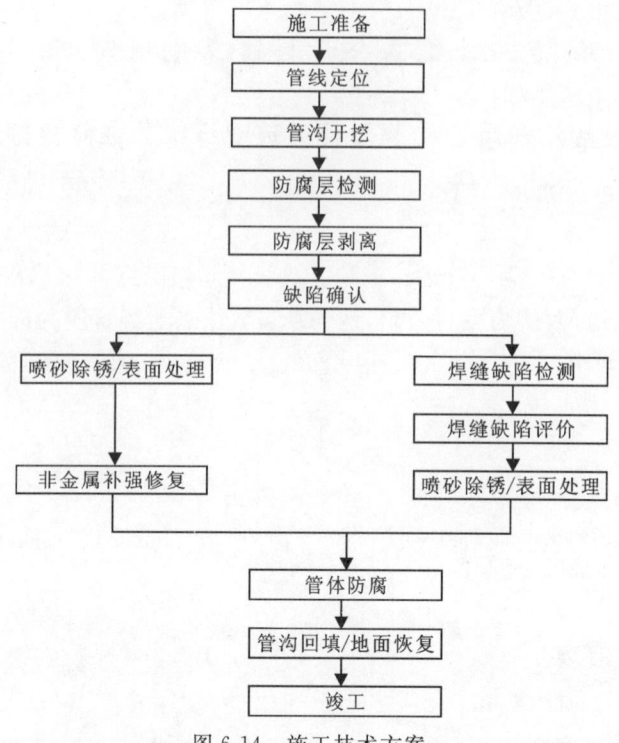

图 6-14 施工技术方案

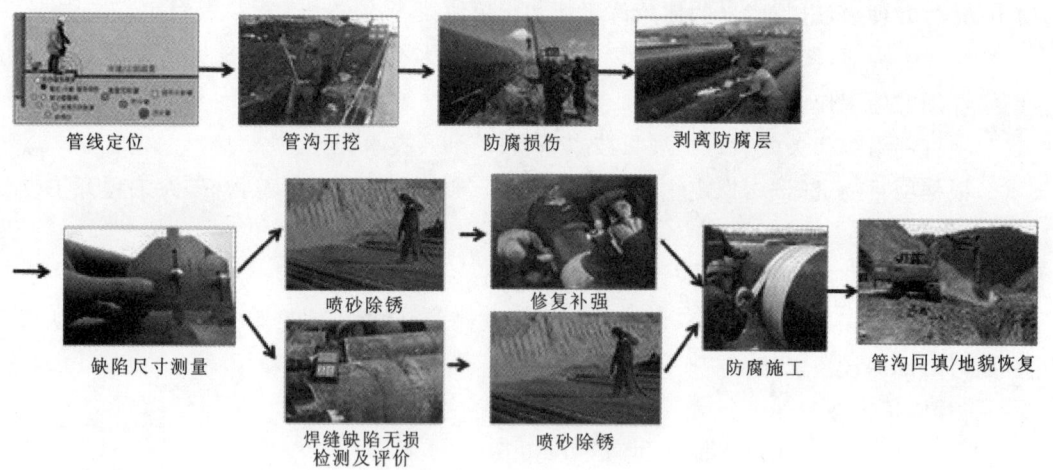

图 6-15 施工总平面图

(5) 在开挖区域设立安全警戒线,摆放安全标志牌。

(6) 开挖人员进场后,检查工器具是否完好、数量充足;检查安全标志、劳保用品是否配置到位;检查土方支护用具数量及性能是否满足现场要求。

(7) 本次动土作业全部采用人工开挖,在未探明光缆及管道的具体位置前,须小心谨慎开挖。挖沟人员要时刻注意挖掘深度和土层变化,当挖至距离探测管深约 0.5m 时,需再次用仪器探测管深和光缆深度,避免伤及管道和光缆。

(8)探明光缆及管道的准确位置后,开挖管沟。按照标准《埋地钢质管道外防腐层保温层修复技术规范》(SY/T 5918—2017)的要求进行放坡,本次开挖点位于沙漠戈壁,土壤类别为中密沙土,坑边需堆积土壤,同时根据土壤及管道埋深的具体情况,按照《埋地钢质管道外防腐层保温层修复技术规范》(SY/T 5918—2017)的相关规定,采取了阶梯式开挖的措施,或者采用支护(图6-16)。

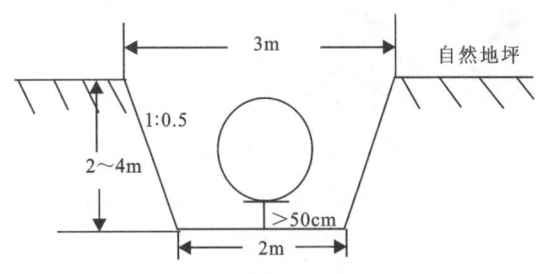

图6-16 管沟开挖断面示意图

(9)管沟开挖时,其最大悬空长度应符合《埋地钢质管道外防腐层保温层修复技术规范》(SY/T5918—2017)的要求,开挖长度过长时应分段开挖。与管道同沟敷设的光缆要避免悬空,并禁止攀爬、踩踏,必要时采取防悬空措施。

(10)管沟底部开挖的深度,在原管底标高的基础上加深0.5m。管沟底部开挖的宽度,按管道外壁左、右两侧各加宽0.5m。

(11)开挖过程中,堆积土方距离作业坑边缘距离不小于1m,土方堆积高度不超过1.5m;如果因现场环境受限,作业坑边缘无法堆放开挖土方,则将土方倒运到指定地点。按照要求的管沟尺寸进行开挖,开挖土方两面堆放;细土和表层土分开堆放。

(12)管沟两端在开挖过程中同时开辟逃生通道,利用口袋堆成逃生台阶;对于不能制造逃生台阶的管沟,则架设逃生梯子。

(13)管沟开挖全过程设安全员负责监护。开挖深度超过1m时,必须有同组人员在地面负责清运土方和安全监护。

(14)管沟开挖需移动测试桩、里程桩、标志桩等管线附属设施时,将其小心移出管沟。移动测试桩时,不得将测试电缆碰断。

(15)开挖过程中,对作业区域可燃气体浓度进行实时监测。作业前利用可燃气体检测仪检测作业区域和周围可燃气体浓度,确认作业区域没有可燃气体后进行施工;作业过程中实时监测可燃气体浓度,一旦发现可燃气体浓度超标,马上停止施工,组织施工人员撤离,并报告现场监督人员及现场负责人(图6-17)。

4)修复方案制定

根据修复管道信息、缺陷信息和修复材料信息,确定修复方案。管道缺陷修复前,先对管道原防腐层进行剥离,防腐层剥离范围为复合材料两侧各增加150mm。

5)材料准备

(1)按照纤维布重量的1.5~2倍准备树脂用量。

(2)检查树脂、固化剂和纤维布等所有材料,应在保质期内使用。

图 6-17　管沟开挖

6) 表面处理

(1) 清除旧防腐层长度至少超出待修复缺陷两侧各 500mm。清除后的表面应无明显的旧涂层残留，清除过程中避免损伤管体金属。清除下来的旧防腐层不得现场弃置，应收集并按照环保要求统一处理（图 6-18）。

图 6-18　防腐层清理

(2) 表面处理长度要至少超出修复两端各 100mm。管道表面除锈至少应达到标准 GB/T 8923.1—2011 规定的 St3 级的质量要求。管道表面应无氧化皮、铁锈、油污、灰土。为使表面处理达到最佳效果，采用德国进口蒙蒂（MONTI）电动锚纹机清理，锚纹深度达 $50\sim90\mu m$，表面洁净度最少 2 级（图 6-19）。

(3) 复合修复前，应擦拭修复部位，确保管道表面清洁干燥、无污物。

(4) 复合材料安装前，需再次复核缺陷轴向长度，保证缺陷置于复合材料中部，在管道表面标识出复合材料的安装位置。

图 6-19 管体表面除锈

7) 腻子配制及涂覆

(1) 根据缺陷类型,配制适量填平腻子。配制过程中按产品说明书中规定比例将树脂、固化剂和填料称量准确后放入容器内,用搅拌器搅拌 2~3min,确保树脂与填料充分混合后方可使用。

(2) 用填平腻子将管道表面凹陷部位(蜂窝、麻面、小孔等)修补至平整、凸出部位(焊缝、金属凸起)修补至平滑过渡,确保玻璃纤维布缠绕时与管道表面紧密接触,无任何空隙、死角。

8) 纤维缠绕

(1) 纤维布长度的确定,除应根据计算所需的纤维布用量外,还可视现场操作人员的熟练程度及腐蚀点大小确定缠绕包裹方式。根据纤维布用量计算所需的用胶量。按照算出的所需 A 胶体积数,从盛有 A 胶的容器中将 A 胶倒进专用量杯中计量,取足量后倒入洁净的混合容器内,再用另一只量杯按产品要求配比取出相应量的 B 胶倒入混合容器内,将两种胶充分搅拌 3min,直到完全溶合。

注:①A 胶和 B 胶必须按配比要求称量,否则修复强度达不到设计要求;②每次应准确计算用量,一旦多余将造成浪费;③A 胶、B 胶取出后,必须立即盖严盖子,放置在阴凉处,否则易造成胶水提前失效;④剩余胶水中不能混有另类胶水。

(2) 施工过程中,涂抹混合胶,选择一处比较平坦或阴凉的地方将操作板水平放置平稳,铺好塑料布。并将准备好的胶带铺在塑料布上。将配置好的混合胶均匀地倒一部分在胶带上,然后用滚刷或其他刷子涂抹均匀,应特别注意胶带边沿与边角部分不能刷漏,刷好一面后翻过来再刷另一面(图 6-20)。当胶带的两面都刷好混合胶后,就可以卷在方木棍上,以备往腐蚀管道上安装。刷胶带的原则是:必须用力填实刷足,涂抹完后,胶带内决不能有气孔、漏点和缺尖。第一条缠绕胶带的粗糙面的胶水应涂刷得特别充足,最好缠绕前在管道上薄薄地刷一层混合胶。纤维布层间不应留有气泡,可用消泡罗拉沿纤维方向上反复滚压,对焊缝的拱起部位要向相反的方向滚压,以去除气泡,并使胶液充分渗透碳纤维布,保证修复层表面光滑无褶皱,无胶液流挂。施工完成后,检查纤维布与胶液浸润情况,如发现有未浸润纤维应立

图 6-20 树脂涂刷

即返工。

(3)施工中纤维布如需周向搭接,搭接长度不应小于 200mm。缠绕安装必须由两人完成。首层安装的起点盖住腐蚀点并与腐蚀点相距 45°～90°,纤维布粗糙面应紧贴管道表面。安装过程中,纤维布两边应始终对齐事先在管道上画好的修复边线,保持与管道轴线的垂直安装过程中,纤维布两边应始终对齐事先在管道上画好的修复边线,保持与管道轴线的垂直。

两人分别站在管道一侧,一人双手握住方木棍两端用力沿管道表面平铺纤维布,边铺边拽紧纤维布,使其与管道轴线垂直。另一人协助调整纤维布的垂直度,同时,用手、罗拉或方木棍沿管道圆周方向将纤维布碾压平实,以保证铺设的纤维布各层间没有气泡和褶皱(图6-21)。

图 6-21 修复层缠绕

(4)完成缠绕后,使用刷子或刮板,将剩余胶液涂敷在管道修复层两侧边缘和缠绕的终点位置边缘,防止水汽从两侧进入修复层内部。

(5)在23℃,初步固化时间一般为8~12h,固化期间需要保证修复部位清洁干燥;冬季气温较低时,可以使用加热措施加快固化速度,加热温度不应超过80℃。

(6)当采用湿法补强时,必须是补强胶层达到巴氏硬度不小于30时,表示已初步固化,经过检测,如果合格,可以进入下一道工序,可以安装黏弹体胶带。

(7)必要时可采用丙酮、乙醇清洗消泡罗拉、刮板等施工工具,再次使用前确保工具洁净干燥。

9)修复层现场检测

(1)修复层固化后,修复层实际黏结面积不应少于设计面积,位置偏差不应大于10mm。

(2)检查修复层外观,如发现纤维褶皱高度超过2.5mm、纤维未浸润、纤维铺设角度偏差大于3°,或树脂颜色不均,应除去修复层,重新施工。

(3)用小锤轻轻敲击修复层表面了解空鼓情况,缺陷位置附近100mm内不允许存在空鼓。如整体空鼓率超过5%,应除去修复层后重新施工,每一处修复点都需要检查。

(4)采用测厚仪测量固化后修复层0点、3点、6点、9点处厚度,每处测量3次,检测点厚度不低于设计厚度。

10)外防腐修复

(1)对缺陷处的防腐层进行修整,并将聚乙烯层边缘修成坡口。

(2)对已裸露的管体表面进行处理,将腐蚀产物清理干净,采用手动除锈方式进行管体表面处理,除锈等级达到St3级,并用酒精除去表面灰尘。

(3)使用黏弹体带对补强部位进行缠绕防腐,自10点钟或2点钟位置开始向下缠绕黏弹体防腐胶带,层间搭接不小于10mm;两端须完全覆盖补强材料,搭接管体PE层100mm。

(4)缠绕过程中,压紧搭接部位和边缘部位,无须保持较大张力,黏弹体带接头部位最小搭接长度为50mm。

(5)黏弹体防腐完毕,使用15kV电火花检漏,以无漏点为合格。否则,应对漏点进行修补。

(6)安装热烤压敏带。压敏胶型热收缩带安装前,应按产品说明书的要求将搭接部位管体防腐层处理至粗糙。压敏胶型热收缩带应按照产品说明书的要求进行安装,并符合以下要求。

①压敏胶型热收缩带定位:将压敏胶型热收缩带印有搭接线一端压贴于钢管表面2点钟或10点钟左右位置,用压辊从中间分别向两端压平;将压敏胶型热收缩带另一端头对准搭接线标记粘好,环向搭接宽度应不小于100mm,用压辊从中间分别向两端压平;然后从一侧缓慢移走防粘膜,移走过程中应注意防止防粘膜残留在胶面上。热缩压敏胶带两端超出黏弹体防腐胶带不小于50mm。

②固定片安装:加热固定片胶层至充分软化后,将固定片平整地搭在压敏型热收缩带重叠的接缝处,用压辊反复碾压固定片和两层压敏型热收缩带接缝处,并避免固定片上下部位的压敏型热收缩带起皱。

③加热收缩:用火焰加热器从热收缩带中心位置沿圆周方向均匀烘烤加热,使热收缩带中部首先完成环形收缩,然后向两侧移动加热器,使热缩带环形收缩向两边扩展,直至热缩带整体完成收缩;继续加热使热收缩带紧锢在钢管表面,至热收缩带表面焊缝、防腐层搭接区坡

口形状突显、边缘无翘边无缝隙,并有压敏胶均匀溢出时,停止加热。

④表面辊压:采用压辊将压敏胶型热收缩带表面及边缘辊压平整,并驱除气泡。

(7)修补施工完成后,在业主现场代表的监督下,进行外观、漏点检测,检测结果合格并经业主确认签字后,方可回填。

外防腐作业如图 6-22 所示。

图 6-22　外防腐

11)管沟回填

(1)补强修复及防腐修复完毕,经现场监理工程师检验合格后,人工回填管沟。

(2)本次工程回填及地貌恢复工作全部采用人工回填,回填作业应按照《埋地钢质管道聚乙烯防腐层技术标准》(SY/T0413—2022)标准执行。

(3)回填过程每隔 300mm 分层回填,尤其是光缆下方,需分层踩实。

(4)管道下部、两侧及管顶以上 0.5m 内的回填土不得含有碎石、砖块、垃圾等杂物。

(5)回填过程中严禁将施工垃圾回填到管沟中。

(6)作业坑回填完毕后,将管堤恢复原貌,清理施工现场(图 6-23)。

6.2.2　大沈线天然气管道碳纤维补强修复施工案例

1. 概述

本施工案例为大沈线天燃气输送管线,管线例检时管体发现缺陷,对缺陷部位进行碳纤维复合材补强修复施工作业。该段管线结构为螺旋管,管道材质为 L485 钢,管线规格为 Φ711mm,设计压力 12MPa,运行压力 10MPa。

2. 缺陷点情况

该缺陷点为管体内管壁夹层缺陷,位于管线 2:45 点钟方向,缺陷尺寸为 101mm×10mm,深度为 2mm。

图6-23 基坑回填

3. 施工方案与步骤

1）现场开挖

首先要对缺陷处进行定位,然后根据管道开挖的相关规范进行开挖。开挖过程中注意测量埋深,防止铁器损坏防腐层及钢管。管沟开挖长度为缺陷修复点里程前后各加2m。在管道底部留出0.5m及两侧留出1m的操作空间（图6-24、图6-25）。

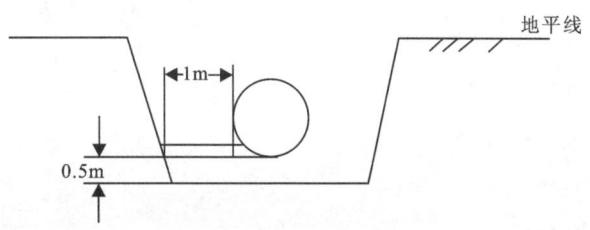

图6-24 开挖剖面示意图

图6-25 人工开挖缺陷管道现场

2)管道表面缺陷位测量、标识

在现场开挖复查工作完成后,对管道缺陷部位确认、标识(图2-26)。

图6-26 缺陷部位确认、标识

3)管道表面防腐层清除,除锈,打磨

管道剥离完防腐层后,对管体进行除锈和打磨(图6-27)。

图6-27 管体表面除锈,打磨

4)管道表面清除污物,清洗管体

打磨结束后,清除管体表面的污物和粉尘,并用专用清洗剂清洗好管体(图6-28)。

图6-28 管体表面清洗

5)底漆涂布

(1)根据施工部位的温度、湿度,选择适当的底漆(图6-29)。

(2)将调配好的底漆称量、搅拌均匀,根据实际气温决定用量并控制使用时间。

(3)将底漆刷于钢管表面。厚度控制在0.1mm以上即可。

(4)无需完全固化,可直接进入下一步骤。

图6-29 底漆涂刷

6)树脂调配与粘贴碳纤维片材

(1)碳纤维布容易受损,因此在碳纤维布缠绕前应尽量避免剐蹭等外部破坏因素。

（2）碳纤维布容易受潮，所以碳纤维布必须保存于干燥环境中。如果施工现场湿度较大，应在碳纤维布拿出包装之后立即使用。

（3）碳纤维布环向缠绕时碳纤维布的环向接头必须搭接100mm以上（图6-30）。

图6-30 修复层缠绕

（4）调配环氧树脂黏浸胶。将环氧树脂黏浸胶的主剂与固化剂按规定比例称量准确后放入容器内，用搅拌器搅拌均匀。一次配胶量应以在可使用时间内用完为准，建议配胶量以每次小于2.0kg为宜。

（5）涂刷环氧树脂。粘贴前用滚筒刷（或油漆刷）将调配好的粘浸树脂均匀涂抹在碳纤维布上面，需要将纤维布充分浸透并且排出内部气体后（用刮板刮去多余的树脂后），方可进行下一道工序。

（6）粘贴碳纤维片。贴片时，在碳纤维布和树脂之间不应残留有空气。为此，可用塑料滚轴沿纤维方向在碳纤维片上反复滚压多次，对焊缝的拱起部位要向相反的方向滚压去除气泡，使黏浸胶充分渗透碳纤维布。

（7）确保没有空鼓现象出现。

（8）需要粘贴两层以上碳纤维时，重复（5）～（7）步骤。

（9）在碳纤维片粘贴完成后，对已剥除防腐层但未粘贴碳纤维片材的区域，涂刷环氧黏浸胶。

7）热固化已缠绕好的碳纤维

管体表面缠绕好碳纤维后，用脱模布和离型带拉紧并挤出多余的树脂，并用电热毯加温固化（图6-31～图6-34）。

6 修复技术工程应用实例

图6-31 脱模布缠绕

图6-32 电热毯加温固化

图6-33 保护层拆除

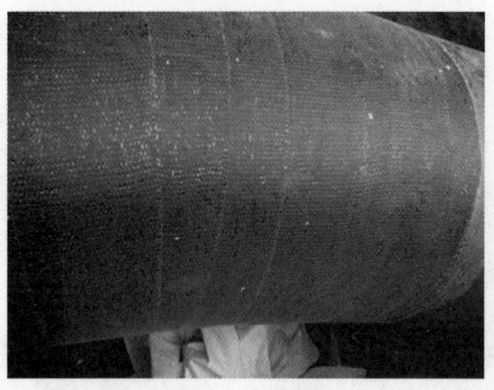

图 6-34 修复后管体

8)补强处防腐层保护

热固化结束后,对补强部位进行防腐修复(图 6-35)。

图 6-35 防腐层保护

9)土壤回填地貌复原

土地地貌恢复如图 6-36 所示。

图 6-36 地貌恢复

10)施工注意事项

(1)碳纤维片在使用过程中应远离电源,尤其是高压电线及输电线路。

(2)配套使用的树脂要远离火源,避免阳光直射,施工人员严禁在现场吸烟。

(3)开挖前对施工人员进行现场教育,注意人身安全。负责施工的工长应每天进行班前安全教育和安全检查,督促工人戴好防护眼镜、手套、口罩、安全帽等。

6.3 B型套筒修复应用实例

6.3.1 中洛线和临濮线(河南段)管道B型套筒修复施工案例

1. 概述

中洛线管道长度286km,管径426mm,壁厚7mm。临濮线(河南段)管道长度13.2km,管径377mm,壁厚7mm。两条管道运行时间均超过30年,存在较多的缺陷和隐患,做好管道本体维修维护,及时消减安全风险,对保障管道服役后期安全运行极为关键。

2. 缺陷情况

经开挖发现两条管线缺陷处原沥青防腐层老化脱落、破损等,造成管体上存在浮锈、点状蚀坑、片状蚀坑。缺陷类型包括金属损失(腐蚀)、螺旋焊缝异常、环焊缝异常等,其中金属损失(腐蚀)占比最高,最大缺陷深度达60%。

3. 施工方案与步骤

(1)管道表面处理。对待修复部位钢管金属表面进行喷砂处理,要求达到Sa2.5级,锚纹深度50~90μm。

(2)B型套筒安装。将上护板用起重设备吊起放到待修复管道上,再将紧固链条组合装置放在管道上并保持松弛状态,专人负责扶稳防止滑落。

将下护板单侧两边吊环用卸扣和吊带连接,用起重设备吊起放到待修复管道下面一侧,连接另一侧吊环、卸扣、吊带将下护板吊起与上护板对接找正。

将紧固链条组合放置在上护板两端,并用链条兜起下护板,旋转紧固丝杠使下护板缓慢提升至上、下护板纵向焊缝间隙为3~6mm。将垫片塞入纵向焊缝垫片槽内并与护板点焊固定(图6-37)。

(3)B型套筒焊接。先同时焊接套筒纵向焊缝再焊接环向焊缝。施焊前,彻底清理干净焊缝区,呈现均匀金属光泽,检验坡口组对质量。施焊过程密切关注电弧燃烧状况及母材与烧敷金属的燃烧情况,发现异常及时调整或停止焊接。多层焊时每层间彻底清渣,保持层间温度满足焊接要求。完成的焊缝表面不允许存在焊接缺陷,发现缺陷及时修补修磨并与原焊缝形状基本一致。焊接完成,采用气割将上下护板上的吊环除掉并打磨平整,便于后期防腐处理。B型套筒修复现场如图6-38所示。

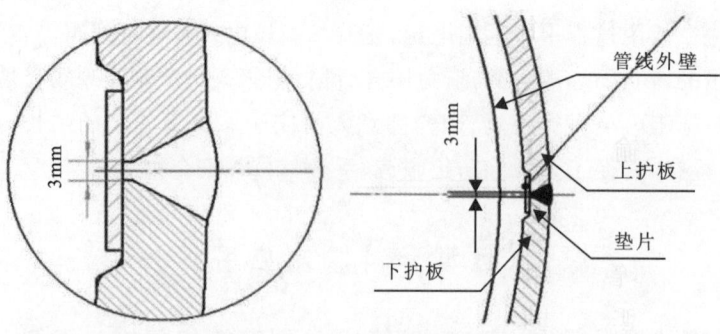

图 6-37 垫片安装示意图

图 6-38 B 型套筒焊接修复现场

6.3.2 云南芒市境内中缅输气管道 B 型套筒修复施工案例

该输气管道规格为 1016mm×12.8mm,钢级为 X80;修复用 B 型套筒长 600mm、壁厚 21mm,安装间隙不大于 5mm,角焊缝高度为 1.4t p+G。对检测发现超标缺陷的环焊缝进行修复,套筒焊接安装过程中,管道最高运行压力为 7.86MPa,管内介质流速不大于 5m/s;套筒采用手工焊接,焊前预热温度为 65℃,焊后进行 200～250℃、保温 6h 的热处理。焊接完成后进行磁粉检测和超声相控阵检测,并增加 48h、72h 后的磁粉检测,均未发现延迟裂纹及其他超标缺陷。管道修复后,带压运行 2 个月,截取修复管段在实验室进行无损检测、水压循环试验、解剖分析及理化性能测试。结果表明,套筒角焊缝和纵焊缝中均未发现超标焊接缺陷,焊接质量良好;经 0～10MPa 循环压力试验和 1.25 倍设计压力下的静水压试验,环焊缝缺陷尺寸未发生变化;套筒角焊缝和纵焊缝拉伸、硬度、韧性、弯曲等各项性能指标符合相关标准要求。

现场应用示范及验证结果表明,所开发的 X70 钢级 B 型套筒及其配套技术具有良好的工程适用性和可靠性,可在 X70/X80 高强度油气管道环焊缝缺陷修复中推广应用。国家管网集团西南管道有限责任公司已于2022年采购60余套X70钢级B型套筒,用于管道环焊缝缺陷修复。此外,X65钢级B型套筒在国家管网集团联合管道有限责任公司西气东输分公司完成了现场示范应用验证,并已成功地应用于西气东输二线X80管道多处环焊缝缺陷的修复。

6.3.3 西气东输三线KP1984—150m管道处X70高钢级B型套筒修复施工案例

国家管网集团西部管道有限责任公司酒泉输油气分公司在西气东输三线KP1984—150m管道处加装的B型套筒选取了X70型号的高钢级材质,在西部管网范围内属于首次实践应用(图6-39)。

图6-39 作业现场全貌

B型套筒手工焊接现场施工如图6-40所示。此次应用的X70钢级B型套筒的厚度较传统套筒在壁厚上减薄了19%~30%,质量减少约200kg,在实现缺陷修复的同时尽可能为管道"减负"。同时该套筒与管道本体材质相近,在对抗高压变形时不宜成为应力集中点,极大地延长了套筒的使用寿命,对保障管网安全、高效、平稳运行有着积极的意义。

6.3.4 西气东输三线中靖联络线高钢级B型套筒修复施工案例

国家石油天然气管网集团西气东输分公司完成了国内首次X80、Φ1219mm管道B型套筒全自动在线焊接现场应用(图6-41)。动火作业位于毛乌素沙漠南缘,西气东输三线中靖联络线(图6-42),科学的治沙措施让毛乌素的绿化率达到93.24%,作业施焊压力7.8MPa,所有焊口一次合格。本次现场应用的成功,填补了国内高压力、高钢级、大口径长输天然气管道在线自动焊修复技术应用的空白。自动焊技术具有表面成型好、焊接质量高、减小劳动强度、节省焊接用时等诸多优点。

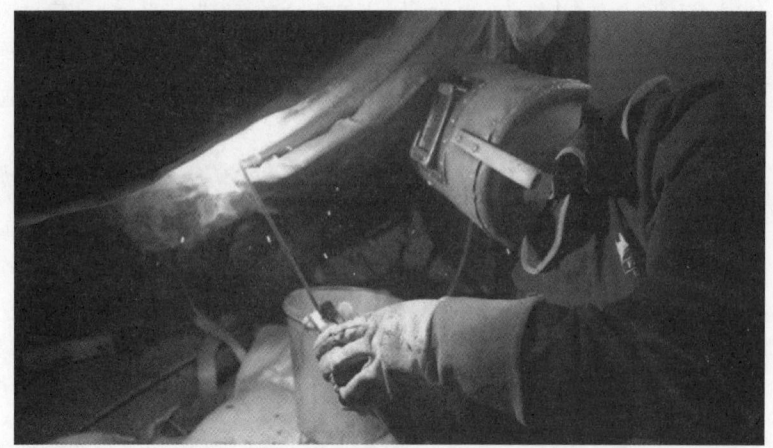

图 6-40　B 型套筒手工焊接施工图

图 6-41　施工作业现场图

图 6-42　焊接作业图

B型套筒作为管道维修永久修复方式,具有适应场景广、不用停输放空、可带压焊接、对输气生产影响小的显著优点,在西气东输中已得到广泛应用。本次B型套筒全自动在线焊接现场成功应用,让B型套筒修复技术又上了一个新台阶。

主要参考文献

陈安琦,马卫锋,任俊杰,等,2017.高钢级管道环焊缝缺陷修复问题初探[J].天然气与石油,35(5):12-17.

陈健,鲁成云,2010.碳纤维复合材料补强技术在输油管道维修中的应用[J].油气储运,29(2):40-41.

惠文颖,牛健壮,胡江锋,等,2017.复合材料修复管体缺陷的影响因素[J].油气储运,36(7):805-810.

李荣光,2010.B型全封闭钢质套筒修复技术改进[J].油气储运,29(10):755-758.

李艳,袁宗明,胡世强,2007.长输管道修复技术现状及发展[J].北工设备与管道,44(1):53-55.

李作春,2014.碳纤维补强技术在油田金属管道中的应用[J].管道技术与设备(4):3.

刘杨,2008.油田压力管道碳纤维补强技术[J].油气地面工程,27(7):79.

陆军,2015.油气输送管道补强修复新技术[J].石油和化工设备,18(1):67-70.

隋永莉,吴宏,2014.我国长输油气管道自动焊技术应用现状及展望[J].油气储运,33(9):913-921.

张武魁,王闯,2008.管道修复技术的发展综述[J].管道技术与设备(1):2.

MAZURKIEWICZ L,MALACHOWSKI J,DAMAZIAK K,et al.,2018. Evaluation of the response of fibre reinforced composite repair of steel pipeline subjected to puncture from excavator tooth[J]. Composite Structures,202:1126-1135.